Aufgabensammlung zur Halbleiterphysik

W. L. BONTSCH-BRUJEWITSCH, I. P. SWJAGIN
I. W. KARPENKO, A. G. MIRONOW

Aufgabensammlung zur Halbleiterphysik

In deutscher Sprache herausgegeben
von Dr. K. Unger
Karl-Marx-Universität, Leipzig

Mit 20 Abbildungen

AKADEMIE-VERLAG · BERLIN
1970

В. Л. БОНЧ-БРУЕВИЧ, И. П. ЗВЯГИН
И. В. КАРПЕНКО, А. Г. МИРОНОВ

Сборник задач по физике полупроводников

Erschienen im Verlag Nauka, Hauptredaktion Fismatlit, Moskau

Übersetzt aus dem Russischen von
Dipl.-Phys. R. Bindemann, Leipzig

Erschienen im Akademie-Verlag GmbH, 108 Berlin, Leipziger Straße 3—4

Lizenznummer: 202 · 100/428/70
Gesamtherstellung: VEB Druckhaus „Maxim Gorki", 74 Altenburg
Bestellnummer: 5746 · ES 18 B 1, 18 B 6
9,80

Vorwort

Die vorliegende Aufgabensammlung enthält Aufgaben, die von den Autoren im Verlaufe einiger Jahre in den Seminaren mit den Studenten des Lehrstuhles für Halbleiterphysik der MGU (Staatliche Moskauer Universität) und des Lehrstuhles für Halbleitermaterialkunde des MISS (Moskauer Institut für Stähle und Schmelzen) verwendet wurden. Die Aufgaben sind mit der Grundvorlesung über Halbleiterphysik, die im 4. Studienjahr an der Moskauer Universität gelesen wird, abgestimmt. Dabei haben wir uns bemüht, ähnliche Aufgaben auszuwählen, wie sie der Experimentator bei der Vorbereitung des Experimentes und der Bearbeitung seiner Resultate zu lösen hat. Die Werte der verschiedenen Parameter (effektive Massen usw.) wie auch die Werte der Konzentrationen, Lebensdauer, Diffusionslängen usw. entsprechen in der Regel den reellen Halbleitern.

Die Aufgabensammlung ist für Personen vorgesehen, die mit den Grundkenntnissen der Halbleiterphysik vertraut sind oder sich damit befassen. Die kurzen Einführungen, die jedem Kapitel vorangestellt sind, enthalten nur eine Zusammenfassung der notwendigen Formeln und können auf keinen Fall als Versuch einer zusammenhängenden Darlegung der Theorie des entsprechenden Kapitels betrachtet werden.

Die zur Lösung der Aufgaben notwendigen mathematischen Voraussetzungen gehen nicht über die allgemeine Vorlesung über Integralrechnung und Differentialgleichungen hinaus. Die schwereren Aufgaben sind mit einem Sternchen gekennzeichnet.

Die Autoren heben mit Freude und tiefer Dankbarkeit den freundschaftlichen Kontakt mit ihren Kollegen am Lehrstuhl für Halbleiterphysik der MGU hervor. Besonders dankbar sind wir Herrn Prof. Dr. Kalaschnikow, der als erster die Vorlesung hielt, mit der die Aufgaben der vorliegenden Sammlung abgestimmt sind. Überaus dankbar sind wir auch Herrn Prof. Dr. W. S. Wawilow und Frau Dr. W. W. Ostroborodowa für ihr Interesse an der Arbeit und der Diskussion einzelner Fragen.

Inhaltsverzeichnis

1. Statistik der Elektronen und Löcher in Halbleitern

Für die Elektronenkonzentration n im Leitungsband und die Löcherkonzentration p im Valenzband gilt entsprechend

$$n = \frac{2}{(2\pi)^3} \int d\boldsymbol{k} f_n(E_n(\boldsymbol{k})), \tag{1.1a}$$

$$p = \frac{2}{(2\pi)^3} \int d\boldsymbol{k} f_p(E_p(\boldsymbol{k})); \tag{1.1b}$$

hierbei wird über die BRILLOUIN-Zone integriert; $f_n(E)$ und $f_p(E)$ — die Energieverteilungsfunktionen der Elektronen und Löcher — sind durch

$$f_n(E) = \frac{1}{1 + e^{\beta(E-F)}}, \quad f_p(E) = 1 - f_n(E) \tag{1.2}$$

gegeben. $\boldsymbol{k}$ ist der Quasiwellenvektor, $\beta = \frac{1}{kT}$, F ist das FERMI-Niveau, und $E_n(\boldsymbol{k})$ $(E_p(\boldsymbol{k}))$ bezeichnet das Dispersionsgesetz der Elektronen (der Löcher).

Im Zusammenhang mit den Formeln (1.1a) und (1.1b) ist der Verlauf der Funktionen $E_n(\boldsymbol{k})$ und $E_p(\boldsymbol{k})$ in der Nähe des Leitungsbandminimums und des Valenzbandmaximums von besonderem Interesse. Wenn dem Leitungsbandminimum ein Punkt in der BRILLOUIN-Zone entspricht, so ist das (in einem kubischen Kristall) der Punkt $\boldsymbol{k} = 0$. Dann gilt für ein nichtentartetes Band

$$E_n(\boldsymbol{k}) = E_c + \frac{\hbar^2 k^2}{2m_n}, \tag{1.3a}$$

wobei E_c und m_n Konstanten sind, $m_n > 0$.

Wenn dem Leitungsbandminimum einige Punkte $\boldsymbol{k}^\alpha$ ($\alpha = 1, 2, \ldots$) in der BRILLOUIN-Zone entsprechen, so gilt (wiederum für nichtentartete Bänder)

$$E_{n,\alpha}(\boldsymbol{k}) = E_c + \sum_{i=x,y,z} \frac{\hbar^2 (k_i - k_i^\alpha)^2}{2m_i}, \quad m_i > 0. \tag{1.3b}$$

Die Größe E_c entspricht dem Bandminimum, m_n wird als effektive Masse der Elektronen bezeichnet. Im anisotropen Fall (1.3b) stellen die Größen m_i die Komponenten des Tensors der effektiven Massen m_{ij}, der auf die Hauptachsen transformiert wurde, dar:

$$m_{ij}^{-1} = \frac{1}{\hbar^2} \cdot \frac{\partial^2 E_n(\boldsymbol{k})}{\partial k_i \partial k_j}.$$

Im Hauptachsensystem haben wir somit

$$\left.\begin{aligned} &m_{xx} = m_x, \quad m_{yy} = m_y, \quad m_{zz} = m_z, \\ &m_{xy} = m_{xz} = \cdots = 0. \end{aligned}\right\} \tag{1.4}$$

Analoge Beziehungen gelten auch für die Elektronen im Valenzband, und zwar

$$E_p(\boldsymbol{k}) = E_v - \frac{\hbar^2 k^2}{2m_p} \tag{1.3c}$$

im isotropen Fall und

$$E_{p\alpha}(\boldsymbol{k}) = E_v - \sum_{i=x,y,z} \frac{\hbar^2 (k_i - k_i^\alpha)^2}{2m_i} \tag{1.3d}$$

im anisotropen Fall. Die Größe $E_g = E_c - E_v$ wird als Breite des verbotenen Bandes oder Bandlücke bezeichnet. Im Falle entarteter Bänder sind die Gleichungen (1.3a), (1.3b) nicht richtig, und die Abhängigkeit von $E(\boldsymbol{k})$ wird durch komplizierte Ausdrücke wiedergegeben.

Wenn beispielsweise am Valenzbandminimum bei $\boldsymbol{k} = 0$ zwei isotrope Bänder entartet sind, so hat das Dispersionsgesetz $E_p(\boldsymbol{k})$ in der Nähe der Bandkante folgendes Aussehen:

$$E_p(\boldsymbol{k}) = E_v - \frac{\hbar^2}{2m_0}\{A k^2 \pm [B^2 k^4 + C^2(k_x^2 k_y^2 + k_x^2 k_z^2 + k_y^2 k_z^2)]^{1/2}\}, \quad (1.3\text{e})$$

wobei sich das Pluszeichen auf das Band der sogenannten „schweren Löcher" und das Minuszeichen auf das der „leichten Löcher" bezieht; m_0 ist die Masse eines freien Elektrons im Vakuum.

In einer Reihe von Halbleitern mit schmaler Bandlücke macht sich bereits in geringer Entfernung vom Bandrand die Nichtparabolizität der Bänder wesentlich bemerkbar. Wenn man annimmt, daß die Abweichung von der Parabolizität mit der Wechselwirkung der beiden Bänder, des Valenzbandes und des Leitungsbandes, zusammenhängt und alle anderen Bänder hinreichend weit entfernt sind, so kann man das Dispersionsgesetz für die betrachteten Bänder angenähert in folgender Form schreiben:

$$E(\boldsymbol{k}) = E_c + \frac{\hbar^2 k^2}{2m_0} + \frac{1}{2}\left(\pm\sqrt{E_g^2 + \frac{8}{3}P^2 k^2} - E_g\right). \quad (1.3\text{f})$$

Hierbei bezieht sich das Pluszeichen auf das Leitungsband, das Minuszeichen auf das Valenzband, und P ist ein Parameter, der die Wechselwirkung der Bänder charakterisiert. Das Dispersionsgesetz (1.3f) wurde von KANE abgeleitet. Wenn man in (1.3f) den Wert der effektiven Masse an der Bandkante $m(0) = \frac{3\hbar^2 E_g}{4P^2}$ einführt und $m(0) \ll m_0$ benutzt, so erhält man

$$E(\boldsymbol{k}) = E_c + \frac{1}{2}\left(\pm\sqrt{E_g^2 + \frac{2\hbar^2 k^2 E_g}{m(0)}} - E_g\right). \quad (1.3\text{g})$$

Das Dispersionsgesetz in dieser Form ist auf das Leitungsband einer ganzen Reihe von Halbleitern mit geringer Bandlücke (beispielsweise Indiumantimonid) gut anwendbar.

Für ein einfaches parabolisches Band (1.3a) ist die Elektronenkonzentration durch den Ausdruck

$$n = N_c F_{1/2}(\eta), \qquad \eta = \frac{F - E_c}{kT} \tag{1.5}$$

gegeben, wobei die Größe

$$N_c = 2\left(\frac{m_n kT}{2\pi\hbar^2}\right)^{3/2} \tag{1.6}$$

als effektive Zustandsdichte im Leitungsband und $F_{1/2}(\eta)$ als FERMI-Integral (siehe Anhang 1) bezeichnet wird. Bei fehlender Entartung nimmt der Ausdruck (1.5) folgendes Aussehen an (siehe Anhang 1):

$$n = N_c e^{\eta}. \tag{1.7}$$

Im Fall einer komplizierteren Abhängigkeit $E(\boldsymbol{k})$ kann die Konzentration trotzdem durch die Ausdrücke (1.5) und (1.6) wiedergegeben werden. Dabei wird m_n durch die Größe m_d, die man effektive Masse der Zustandsdichte oder auch effektive Zustandsdichtemasse nennt, ersetzt. Somit ist im Fall (1.3b)

$$m_d = Q^{2/3}(m_x m_y m_z)^{1/3}, \tag{1.8}$$

wobei Q die Zahl der äquivalenten Minima im Leitungsband ist (vgl. Aufgabe 4).

Als Grundbeziehung, die für die Bestimmung der Lage des FERMI-Niveaus benutzt wird, dient die Bedingung der elektrischen Neutralität

$$p + \sum_j z_j N_j - n = 0. \tag{1.9}$$

Hierin ist z_j die Ladung der lokalisierten Störstellen des j-ten Typs in Elektronenladungseinheiten (mit Berücksichtigung des Vorzeichens), N_j ist die Konzentration der j-ten Störstellenart.

Der Besetzungsgrad von Störstellenniveaus wird durch folgende Ausdrücke gegeben:

$$\frac{N_D^0}{N_D^+} = g_D e^{\frac{F - E_D}{kT}}, \qquad \frac{N_A^-}{N_A^0} = \frac{1}{g_A} e^{\frac{F - E_A}{kT}}, \tag{1.10}$$

wobei $N_D^0(N_A^0)$ und $N_D^+(N_A^-)$ die Zahl der neutralen und geladenen Donatoren (Akzeptoren), $g_D(g_A)$ die Entartungsfaktoren des Störstellenniveaus und $E_D(E_A)$ die Energien der Donator- (Akzeptor-) Niveaus sind. Die hier eingehenden Parameter E_D, E_A, g_A und g_D müssen im allgemeinen in jedem einzelnen Fall experimentell bestimmt werden. Im einfachsten Fall, wenn die Entartung nur mit dem Spin des Elektrons zusammenhängt, ist der Entartungsfaktor gleich zwei.

1. Bestimme die Lage des FERMI-Niveaus und die Temperaturabhängigkeit der Konzentration in einem nichtentarteten Eigenhalbleiter! Wie verändert sich die Elektronenkonzentration bei einer Temperaturänderung von 200 °K auf 300 °K, wenn $E_g = (0{,}785 - \xi T)$ eV ist? (Der Wert von ξ wird nicht gebraucht.)

2. Die Elektronenkonzentration ist in einem Eigenhalbleiter bei einer Temperatur von 400 °K gleich $1{,}38 \cdot 10^{15}$ cm^{-3}. Zu bestimmen ist der Zahlenwert des Produktes der effektiven Massen der Elektronen und Löcher, wenn bekannt ist, daß die Bandbreite sich nach der Beziehung $E_g = (0{,}785 - 4 \cdot 10^{-4}\, T)$ eV ändert (T in °K).

3. In einem eigenleitenden Halbleiter beträgt nach HALL-Effekt-Messungen die Elektronenkonzentration bei 400 °K $1{,}3 \cdot 10^{16}$ cm^{-3}, bei 350 °K jedoch $6{,}2 \cdot 10^{15}$ cm^{-3}. Bestimme die Bandlücke des Materials, wenn man annimmt, daß sie sich mit der Temperatur linear ändert!

4. Untersuche den Zusammenhang zwischen der Konzentration und dem FERMI-Niveau und bestimme die effektive Masse der Zustandsdichte der Elektronen in Germanium und Silizium. Für das Dispersionsgesetz im Leitungsband gilt der Ausdruck (1.3b). Die Flächen konstanter Energie im $\boldsymbol{k}$-Raum haben die Form von Rotationsellipsoiden. Für Germanium ist $Q = 4$, die transversale Masse ist $m_t = 0{,}082\, m_0$, die longitudinale Masse $m_l = 1{,}64\, m_0$. Für Silizium ist $Q = 6$, $m_t = 0{,}19\, m_0$, $m_l = 0{,}98\, m_0$.

5. Das Dispersionsgesetz der Löcher im Valenzband (1.3e) kann man wie folgt darstellen:

$$E(\boldsymbol{k}) = E_v - \frac{\hbar^2 k^2}{2 m_0} \left\{ A \pm B' \left[1 + \delta \cdot 6 \left(\frac{k_x^2 k_y^2 + k_x^2 k_z^2 + k_y^2 k_z^2}{k^4} - \frac{1}{6} \right) \right]^{1/2} \right\},$$

wobei $B'^2 = B^2 + \frac{1}{6}C^2$, $\delta = \frac{C^2}{6B'^2}$ gilt und der Zahlenwert des Ausdruckes in den runden Klammern 1/6 nicht übersteigt. Durch Entwicklung nach δ sind die effektiven Massen der „leichten" und „schweren" Löcher im Germanium ($A = 13{,}1$; $B = 8{,}3$; $C = 12{,}5$) und ebenso die effektive Masse der Zustandsdichte für das gesamte Valenzband in linearer Näherung zu ermitteln!

6. Unter Verwendung des Resultates der vorhergehenden Aufgabe ist zu berechnen, wie hoch der Anteil der „leichten" Löcher an der Gesamtzahl der Löcher im Germanium ist.

7. Bestimme die Lage des FERMI-Niveaus und die Elektronenkonzentration in einem Eigenhalbleiter mit parabolischen Bändern bei einer Temperatur von 600 °K, wenn bekannt ist, daß sich die Bandbreite bei der betreffenden Substanz nach dem Gesetz $E_g = (0{,}26 - 2{,}7 \cdot 10^{-4}\,T)$ eV ändert. Es ist der Fehler zu ermitteln, der entsteht, wenn die Entartung des Elektronengases im Leitungsband nicht berücksichtigt wird. Dabei sind für die effektiven Massen die Werte $m_n = 0{,}1\,m_0$, $m_p = 0{,}02\,m_0$ zu verwenden und eine Näherungsform des FERMI-Integrals für nicht zu hohe Entartung (Anhang 1, (A. 4)) zu benutzen.

8. Die Beweglichkeit der Elektronen beträgt in reinem Ge bei Zimmertemperatur (300 °K) 3800 cm²/Vs. Bestimme den spezifischen Widerstand dieses Materials bei Zimmertemperatur und bei 30 °K, wenn angenommen wird, daß sich die Beweglichkeit mit der Temperatur nach der Beziehung $\mu = aT^{-3/2}$ ändert, wobei a eine Konstante ist. Die effektive Masse der Elektronen beträgt $0{,}56\,m_0$, die der Löcher $0{,}37\,m_0$. Bei allen hier zu betrachtenden Temperaturen ist anzunehmen, daß sich die Bandbreite mit der Temperatur wie $E_g = (0{,}785 - 4 \cdot 10^{-4}\,T)$ eV ändert. Das Verhältnis der Beweglichkeiten von Elektronen und Löchern ist zur Vereinfachung als konstant ($b = \frac{\mu_n}{\mu_p} = 2{,}1$) anzusetzen.

9. Im Leitungsband des Galliumarsenids sind neben dem im Zentrum der BRILLOUIN-Zone gelegenen Hauptmaximum Nebenmaxima vorhanden, die um den Betrag E_s höher als das Hauptmaximum (s. Abb. 1) liegen. Es ist die Konzentrationsabhängigkeit des FERMI-Niveaus in einem solchen Halbleiter für ein nichtentartetes Elektronengas und für den Grenzfall hoher Entartung zu untersuchen. Der Einfluß der übrigen Bänder ist zu vernachlässigen.

10. Für Galliumarsenid ist die Abhängigkeit der Besetzung der oberen Minima (s. Abb. 1) von der Temperatur des nichtentarteten Elektronengases zu berechnen. Bestimme das Verhältnis der Elektronenkonzentration der oberen Minima n_{II} zur Elektronenkonzentration des Hauptminimums n_I bei 300 °K und bei 1000 °K. Für

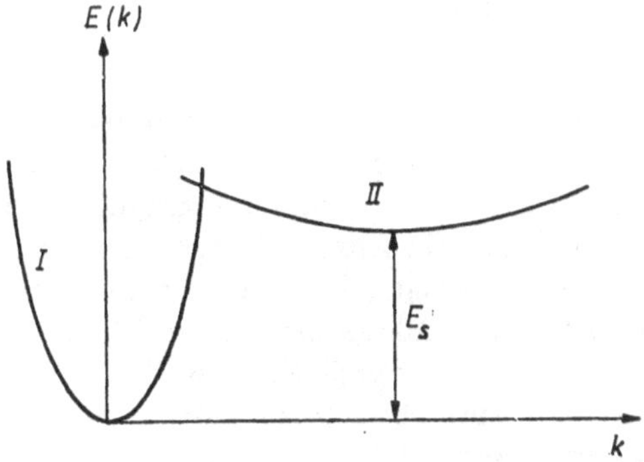

Abb. 1

die effektive Masse der Zustandsdichte der Elektronen des oberen Minimums wird $m_{II} = 15\,m_I$ angenommen, $E_s = -0{,}35$ eV. Die Gesamt-Elektronendichte ist als temperaturunabhängig zu betrachten.

11. Für Galliumarsenid ist die Abhängigkeit der Beweglichkeit von der Temperatur des Elektronengases zu untersuchen. Die Beweglichkeit in den Minima I und II und die Gesamtelektronenkonzentration sind als temperaturunabhängig anzusehen. Bestimme die Veränderung der Beweglichkeit bei einer Temperaturänderung des Elektronengases von 300 °K auf 1000 °K, wenn das Verhältnis der Beweglichkeiten zu $\frac{\mu_I}{\mu_{II}} = 50$ angesetzt wird. Die erforderlichen Zahlenwerte der restlichen Parameter sind aus Aufgabe 10 zu entnehmen.

12. Bestimme den Zusammenhang zwischen der Elektronenkonzentration und dem FERMI-Niveau in einem Halbleiter, wenn bekannt ist, daß bei kleinen Werten von k das Dispersionsgesetz folgende Form hat: $E_n(k) = E_c + \frac{\hbar^2 k^2}{2 m_n} (1 - \gamma k^2)$, $\gamma = \text{const.}$

13. Bestimme den Zusammenhang zwischen der Elektronenkonzentration und dem FERMI-Niveau in einem entarteten Halbleiter vom n-Typ, wenn für das Dispersionsgesetz die Beziehung (1.3 g) gilt.

14. Die Beziehung

$$n = 2\left(\frac{m_d kT}{2\pi\hbar^2}\right)^{3/2} F_{1/2}(\eta)$$

kann man, auch wenn das Dispersionsgesetz von der quadratischen Form abweicht, als Bestimmung für die effektive Masse m_d betrachten. Bestimme die Konzentrationsabhängigkeit von m_d für einen Halbleiter mit dem Dispersionsgesetz (1.3g) im Grenzfall hoher Entartung. Der erhaltene Ausdruck ist mit der analogen Abhängigkeit der effektiven Masse m^*, die durch die Beziehung $m^*v = \hbar k$ bestimmt wird, zu vergleichen, wobei v die Gruppengeschwindigkeit ist. Für das betrachtete Dispersionsgesetz ist der Zusammenhang zwischen m_d und m^* zu finden.

15. Für einen nichtentarteten Halbleiter, der einfach geladene Donatoren der Konzentration N_D enthält, ist der Temperaturverlauf des FERMI-Niveaus, das in der Nähe der Störtermenergie liegen soll, zu untersuchen.

16. Bestimme die Temperatur, bei der das FERMI-Niveau mit dem Niveau der Donatorstörstelle in Germanium, das mit Antimon der Konzentration von 10^{16} cm^{-3} dotiert wurde, zusammenfällt. (Das Niveau des Antimons liegt bei $E_D = E_c - 0{,}01$ eV; für g_D ist 2 anzunehmen.) Wie hoch ist die Elektronenkonzentration bei dieser Temperatur?

17. Es ist der Temperaturverlauf der Elektronenkonzentration für einen Halbleiter, der mit nur einem Typ einfach geladener Donatoren dotiert wurde, zu untersuchen. Wie hoch ist die Konzentration der Ladungsträger bei Zimmertemperatur in Germanium, das $2 \cdot 10^{15}$ cm^{-3} Antimon enthält?

18. Bestimme das Temperaturintervall, in welchem die Elektronenkonzentration etwa konstant und gleich der Donatorenkonzentration ist. Es sind die Grenzen dieses Intervalls für Germanium, das $2 \cdot 10^{15}$ cm^{-3} Donatoren mit einem Niveau bei $E_D = E_c - 0{,}01$ eV enthält, zu ermitteln, wenn sich die Bandbreite nach dem Gesetz $E_g = \Delta - \xi T$ ändert, wobei $\Delta = 0{,}785$ eV, $\xi = 4 \cdot 10^{-4}$ eV/grd gilt; der Entartungsfaktor ist gleich 2 zu setzen.

19. Die vorhergehende Aufgabe ist analog für Indiumantimonid zu lösen. Dabei ist anzunehmen, daß die effektive Masse der Elektronen gleich $0{,}015\, m_0$ ist; außerdem sei $\Delta = 0{,}26$ eV, $\xi = 2{,}7 \cdot 10^{-4}$ eVgrd^{-1}, $E_D = E_c - 0{,}001$ eV, $N_D = 2 \cdot 10^{15}$ cm^{-3}, $g_D = 2$. Die Nichtparabolizität der Bänder ist zu vernachlässigen.

20. Es ist der Temperaturverlauf des FERMI-Niveaus im Bereich der Störstellenleitung zu untersuchen, wenn der Halbleiter mit nur einem Typ einfach geladener Donatoren der Konzentration N_D dotiert ist. Der Einfluß der Entartung ist zu berücksichtigen. Für Germanium und Indiumantimonid ist die minimale Donatorenkonzentration zu ermitteln, bei der das FERMI-Niveau das Leitungsband erreicht. Dabei ist die Entartung als nicht zu hoch anzunehmen ($\eta \leqq 1{,}3$) und die Näherungsform des FERMI-Integrales (s. Anhang 1, Gleichung (A. 4)) zu benutzen. Die Zahlenwerte der Parameter sind den Aufgaben 18 und 19 zu entnehmen.

21. Errechne die Löcherkonzentration und den spezifischen Widerstand von Silizium, das mit Bor ($N_A = 10^{17}$ cm^{-3}) dotiert ist, bei Zimmertemperatur, wenn die effektive Masse der Zustandsdichte der Löcher gleich $0{,}59\, m_0$, die Beweglichkeit $\mu_p = 100$ cm^2/Vs und $g_A = 1$ ist. Das Energieniveau von Bor im Silizium liegt 0,045 eV über dem Valenzbandrand. Wie hoch ist die Löcherkonzentration bei 30 °K?

22. Es ist die Temperaturabhängigkeit der Ladungsträgerkonzentration im Bereich der Störstellenleitung in einer teilweise kompensierten Probe ($N_D > N_A$) bei fehlender Entartung zu bestimmen. Wie groß ist die Aktivierungsenergie, die den Anstieg des Tieftemperaturabschnittes der Abhängigkeit $\ln n$ von $1/T$ bestimmt?

23. Bestimme die Temperaturabhängigkeit der Ladungsträgerkonzentration in einem stark kompensierten Halbleiter ($N_A \approx N_D$)!

24. Eine Germaniumprobe ist mit Antimon und Bor dotiert. Die Konzentration von Bor beträgt 10^{16} cm^{-3} und der Kompensationsgrad $\frac{N_A}{N_D} = 0{,}5$. Bestimme die Elektronenkonzentration bei 25°K, wenn $m_n = 0{,}56\, m_0$, $E_D = E_c - 0{,}01$ eV und $g_D = 2$ gilt.

25. Für einen teilweise kompensierten Halbleiter ($N_D > N_A$) ist der prinzipielle Temperaturverlauf der Elektronenkonzentration im halblogarithmischen Maßstab darzustellen. Auf den Achsen sind $\ln n$ und $1/T$ abzutragen.

26. Es ist das Temperaturintervall, in dem die Elektronenkonzentration eines teilweise kompensierten Halbleiters ($N_D > N_A$) etwa konstant und gleich $N_D - N_A$ ist, zu bestimmen. Dabei sind die Grenzen dieses Intervalls für eine mit Arsen ($E_D = E_c - 0{,}05$ eV) und Aluminium dotierte Siliziumprobe zu ermitteln (Arsenkonzentration: $2 \cdot 10^{15}$ cm^{-3}; Aluminiumkonzentration: $1{,}2 \cdot 10^{15}$ cm^{-3}). Die effektive Masse der Zustandsdichte für Elektronen ist im Silizium gleich $1{,}1\, m_0$, und die Bandbreite ändert sich mit der Temperatur nach der Beziehung $E_g = (1{,}21 - 2{,}8 \cdot 10^{-4}\, T)$ eV. Für den Entartungsfaktor der Donatoren ist zwei anzunehmen.

2. Rekombination der Ladungsträger in Halbleitern

Beim Abweichen der Ladungsträgerkonzentration von den Gleichgewichtswerten n_0 und p_0 wird das Gleichgewicht zwischen den Prozessen der thermischen Trägererzeugung einerseits und dem Trägereinfang in die lokalen Zentren oder der Trägerrekombination (Interbandübergänge) andererseits gestört. Die absoluten Rekombinationsgeschwindigkeiten der Elektronen u_n und der Löcher u_p, die gleich der resultierenden Zahl der Trägereinfänge pro cm^3 und Sekunde sind, werden dabei ungleich Null. Durch die Gleichungen

$$-\left(\frac{\partial \Delta n}{\partial t}\right)_{\text{Rek.}} = u_n = \frac{\Delta n}{\tau_n}; \quad -\left(\frac{\partial \Delta p}{\partial t}\right)_{\text{Rek.}} = u_p = \frac{\Delta p}{\tau_p} \tag{2.1}$$

wird die Lebensdauer der Elektronen und Löcher τ_n und τ_p bestimmt. (Bei nichtstationären Prozessen hat es nur Sinn, von ihren augenblicklichen Werten zu sprechen.) Die Größen τ_n und τ_p hängen im allgemeinen Fall von Δn und Δp ab. Wenn die Prozesse der direkten Interbandrekombination überwiegen, gilt somit

$$u_n = u_p = a(np - n_0 p_0), \tag{2.2}$$

wobei a konstant ist.

In vielen Fällen geht die Rekombination durch das Einfangen freier Ladungen an Kristalldefekten (z. B. Haftstellen), die im verbotenen Band lokale Energieniveaus bilden, vor sich. Im einfachen Fall, wenn in einem nichtentarteten Halbleiter Haftstellen eines Typs mit der Konzentration N_t, die nur ein lokales Niveau E_t bilden, vorhanden sind, gilt unter stationären Bedingungen die Beziehung

$$u_n = u_p = u = N_t \frac{\alpha_n \alpha_p (pn - p_0 n_0)}{\alpha_n (n + n_1) + \alpha_p (p + p_1)}. \tag{2.3}$$

Hierin ist

$$n_1 = N_c \exp \frac{E_t - E_c}{kT}, \qquad p_1 = \frac{p_0 n_0}{n_1} = \frac{n_i^2}{n_1} \tag{2.4}$$

(in E_t geht der Summand $kT \ln g$ ein, durch den die Entartung der Haftstellenzustände (vgl. (1.10) berücksichtigt wird), α_n und α_p sind die Einfangkoeffizienten der Elektronen und Löcher. Es ist vorteilhaft, die Einfangquerschnitte

$$S_n = \frac{\alpha_n}{v_T}, \quad S_p = \frac{\alpha_p}{v_T} \tag{2.5}$$

einzuführen, wobei $v_T = \sqrt{\frac{3kT}{m_0}}$ die mittlere thermische Geschwindigkeit freier Elektronen ist. Wenn die Konzentration N_t klein ist, so daß man die Nichtgleichgewichtskonzentration der Elektronen in den Haftstellen vernachlässigen kann, gilt

$$\frac{\Delta n_t}{\Delta p} = - \frac{\Delta p_t}{\Delta p} = \frac{N_t}{n_0 + n_1} \times \frac{\alpha_n n_1 - \alpha_p n_0}{\alpha_p (p_0 + p_1) + \alpha_n \left[n_0 + n_1 + \frac{N_t n_1}{n_0 + n_1} \right]}. \tag{2.6}$$

Das ist der Fall, wenn keine Träger anhaften.

Dabei gilt

$$\tau = \frac{\tau_{n0}(p_0 + p_1 + \Delta n) + \tau_{p0}(n_0 + n_1 + \Delta n)}{n_0 + p_0 + \Delta n}, \tag{2.7}$$

wobei die Größen

$$\tau_{n0} = \frac{1}{N_t \alpha_n}, \qquad \tau_{p0} = \frac{1}{N_t \alpha_p} \tag{2.8}$$

die Lebensdauer der Trägerpaare in unipolarem n- oder p-Material sind. Wenn das Einfangzentrum im verbotenen Band zwei lokale Niveaus E_1 und E_2 bildet, so gilt bei geringer Abweichung vom Gleichgewicht und vernachlässigbarem Anhaften

$$\frac{1}{\tau} = \frac{1 + \frac{n_0}{p_0}}{1 + \frac{p_1}{p_0} + \frac{p_1 p_2}{p_0^2}} N_t \times \left[\frac{1}{\frac{1}{\alpha_{n1}} + \frac{1}{\alpha_{p1}} \frac{n_1}{p_0}} + \frac{\frac{p_1}{p_0}}{\frac{1}{\alpha_{n2}} + \frac{1}{\alpha_{p2}} \frac{n_2}{p_0}} \right], \tag{2.9}$$

wobei die zweiten Indizes bei den Einfangkoeffizienten angeben, an welches Niveau der Träger sich anlagert. Die Größen n_1, n_2, p_1, p_2 sind analog (2.4) definiert (dabei ist E_t durch E_1 oder E_2 zu ersetzen).

Wenn in einem Halbleiter neben den Zentren, über welche die Rekombination vor sich geht und die selbst kein nachweisbares Anhaften hervorrufen, noch Haftstellen vorhanden sind, die beispielsweise in der Lage sind, nur Elektronen aus dem Leitungsband einzufangen und wieder zurückzugeben, dann gelten für eine n-Probe bei geringer Abweichung vom Gleichgewicht die Ausdrücke

$$-\frac{\partial \Delta n}{\partial t} = u_n = \frac{\Delta n}{\tau_r} + \frac{\Delta n}{\tau_1} - \frac{\Delta n_t}{\tau_2},$$

$$-\frac{\partial \Delta p}{\partial t} = u_p = \frac{\Delta n}{\tau_r}, \quad \Delta n_t = \Delta p - \Delta n, \tag{2.10}$$

wobei τ_r die Rekombinationslebensdauer, τ_1 die mittlere Zeit für den Einfang in das Haftniveau und τ_2 die mittlere Reemissionszeit ist.

27. Zur Zeit $t_1 = 10^{-4}$ s nach Beendigung einer über das Volumen der Probe gleichmäßigen Erzeugung von Elektronen-Löcher-Paaren ist die Nichtgleichgewichtskonzentration der Träger 10mal größer als im Moment $t_2 = 10^{-3}$ s. Es ist die Lebensdauer τ zu bestimmen, wenn die Anregungsintensität nicht groß ist und die Rekombination über einfache Defekte vor sich geht.

28. Es ist die relative Änderung der Leitfähigkeit $\Delta\sigma/\sigma_0$ bei stationärer Beleuchtung mit der Intensität $I = 5 \cdot 10^{15}$ Quanten pro $cm^2 \cdot s$ zu errechnen. Der Absorbtionskoeffizient beträgt $\alpha = 100\ cm^{-1}$. Die Dicke der Probe ist im Vergleich zu α^{-1} gering, und die Rekombination geht über einfache Defekte, $n_0 = 10^{15}\ cm^{-3}$, $\tau = 2 \cdot 10^{-4}$ s.

29. Zu bestimmen ist die Abhängigkeit der Trägerkonzentration von der Zeit, wenn nach Abschalten der Anregung im Zeitpunkt $t = 0$ die Rekombination mit der Geschwindigkeit $u = a(np - n_i^2)$ verläuft, wobei $a =$ const gilt.

30. In n-Ge ($\varrho = 5\ \Omega$cm) sind $N_t = 5 \cdot 10^{12}\ cm^{-3}$ Rekombinationszentren vorhanden mit $E_t = \dfrac{(E_c + E_v)}{2}$.

Die Einfangquerschnitte der Elektronen und Löcher sind bei 300 °K gleich. Bei geringer Abweichung vom Gleichgewicht findet man $\tau = 10^{-4}$ s. Bestimme den Einfangquerschnitt S!

31. In einer n-Ge-Probe mit $n_0 = 10^{14}\ cm^{-3}$ verläuft die Rekombination über einfache Zentren ($N_t = 2 \cdot 10^{12}\ cm^{-3}$), deren Energieniveau in der oberen Hälfte des verbotenen Bandes liegt. Bei $T = 300$ °K ist $\tau = 17\ \mu$s, bei $T = 200$ °K ist $\tau = 2\ \mu$s. Bei noch tieferen Temperaturen gilt $\tau \approx T^{-1/2}$. Es sind E_t und S_p zu bestimmen, wenn der Einfangquerschnitt der Löcher S_p und die Elektronenkonzentration n_0 als konstant angenommen werden.

32. In Ge-Proben mit unterschiedlichen n_0- und p_0-Werten sind einfache Rekombinationszentren ($N_t = 2 \cdot 10^{13}\ cm^{-3}$) vorhanden. Bei 300 °K ist in unipolarem n-Ge $\tau = \tau_1 = 8\ \mu$s, bei $p_0 = p_{02} = 10^{15} cm^{-3}$ jedoch $\tau_2 = 26\ \mu$s. Die maximale Lebensdauer τ beträgt $\tau = \tau_{max} = 91\ \mu$s.

Zu bestimmen sind die Einfangkoeffizienten und Einfangquerschnitte der Träger und das Energieniveau E_t des Zentrums, wenn vorausgesetzt wird, daß es in der unteren Hälfte des verbotenen Bandes liegt.

33. In einer n-Ge-Probe ($n_0 = 10^{15}\ cm^{-3}$) werden durch stationäre Beleuchtung gleichmäßig über das Volumen Trägerpaare erzeugt.

Bei schwacher Beleuchtung ist $\tau_0 = 2\ \mu s$. Bei $\Delta n/n_0 = 0{,}1$ geht die Rekombination mit $\tau = 4{,}7\ \mu s$ vonstatten. Unter der Voraussetzung, daß die Rekombination über einfache Zentren mit $E_t = E_c - 0{,}20\,\mathrm{eV}$ verläuft, ist das Verhältnis des Einfangquerschnittes der Löcher zu dem der Elektronen bei 300 °K zu bestimmen.

34. Für eine n-Ge-Probe mit $\varrho_0 = 1{,}65\ \Omega\,\mathrm{cm}$ beträgt bei 300 °K und schwacher Beleuchtung die Lebensdauer $\tau = \tau_0 = 2{,}0\ \mu s$. Bei intensiverer Anregung findet man $\varrho_1 = 1{,}275\ \Omega\,\mathrm{cm}$ und $\tau = \tau_1 = 3{,}3\ \mu s$. Bestimme die Lebensdauer für monopolares p- und n-Ge mit dem gleichen Rekombinationsmechanismus, wenn die Rekombination über einfache Zentren mit dem Niveau $E_t = E_v + 0{,}32\ \mathrm{eV}$ geht!

35. Ein Halbleiter ist mit der Akzeptorkonzentration $N_A = 10^{16}\ \mathrm{cm}^{-3}$ dotiert. Das Akzeptorniveau liegt fast in der Mitte des verbotenen Bandes. Das Verhältnis der Einfangquerschnitte ist $S_p/S_n = 100$. Außerdem ist der Halbleiter noch mit flachen Donatoren $N_D = 10^{15}\ \mathrm{cm}^{-3}$ dotiert. Bei tiefen Temperaturen wird die Probe mit Licht bestrahlt, wodurch gleichmäßig über das Volumen $g = 10^{19}\ \mathrm{cm}^{-3}\,\mathrm{s}^{-1}$ Trägerpaare erzeugt werden. Die Lebensdauer der Elektronen beträgt $\tau_n = 10\ \mu s$. Bestimme τ_p und die Nichtgleichgewichtskonzentration Δn und Δp sowie außerdem die Einfangkoeffizienten α_n und α_p.

36. Bei Lebensdauermessungen von Nichtgleichgewichtsträgern in p-Ge zeigte sich, daß in einem Intervall von $T = 300$ °K bis $T = 120$ °K die Abhängigkeit der Lebensdauer von der Temperatur folgende Form hat:

$$\tau = 10^{-5}\,\mathrm{s}\left[8{,}1 - 6{,}2\tanh\left(\frac{55}{T} - 4{,}41\right)\right].$$

Weiterhin ist bekannt, daß die Rekombination unter Teilnahme von Zentren vor sich geht, die zwei Energieniveaus bilden: E_1 — in der unteren Hälfte des verbotenen Bandes und E_2 — in der oberen. Unter der Voraussetzung, daß in dem angegebenen Temperaturintervall die Einfangkoeffizienten der Elektronen α_{n1} und α_{n2} sowie auch p_0 konstant bleiben, sind diese Größen und außerdem E_1 zu bestimmen. ($N_t = 2 \cdot 10^{12}\ \mathrm{cm}^{-3}$ und $N_v = 10^{19}\ \mathrm{cm}^{-3} = \mathrm{const.}$) Weiterhin ist der Elektroneneinfangquerschnitt für $T = 200$ °K zu bestimmen!

37. Es ist zu bestimmen, wie die Überschußträgerkonzentration in einem Halbleiter vom n-Typ nach Beendigung einer stationären

Anregung, die ein schwaches Abweichen vom Gleichgewichtszustand hervorruft, von der Zeit abhängt. Dabei wird vorausgesetzt, daß die Rekombinationszeit τ_r, die Zeit für den Einfang in die Haftniveaus τ_1 und die Reemissionszeit τ_2 bekannt sind.

38. Unter den Bedingungen, die in der vorhergehenden Aufgabe beschrieben wurden, ist die relative Leitfähigkeitsänderung in n-Ge mit $n_0 = 5 \cdot 10^{15}\,\mathrm{cm}^{-3}$ bei stationärer Anregung mit $g = 10^{19}\,\mathrm{cm}^{-3}\,\mathrm{s}^{-1}$ zu bestimmen und der quantitative Charakter ihrer Relaxation zu untersuchen, wenn $\tau_r = 2\,\mu\mathrm{s}$, $\tau_1 = 5\,\mu\mathrm{s}$ und $\tau_2 = 50\,\mu\mathrm{s}$ ist.

39. In n-Germanium mit $n_0 = 4 \cdot 10^{14}\,\mathrm{cm}^{-3}$ war das Verhältnis $\Delta p_t/\Delta p$, das aus der Photoleitfähigkeit und dem photoelektromagnetischen Effekt bestimmt wurde, bei schwacher Anregung und $T = 150\,°\mathrm{K}$ gleich 24. Die Rekombination verläuft über Zentren mit $E_t = E_v + 0{,}16\,\mathrm{eV}$, $N_t = 10^{14}\,\mathrm{cm}^{-3}$, $\alpha_p = 10^{-8}\,\mathrm{cm}^3\mathrm{s}^{-1}$. Zu bestimmen ist die Lebensdauer der Elektronen und Löcher bei schwacher Anregung für eine andere Halbleiterprobe mit $N_t = N_{t2} = 10^{12}\,\mathrm{cm}^{-3}$ Zentren der gleichen Sorte.

3. Diffusion und Drift der Ladungsträger

Bei einer inhomogenen Verteilung der Ladungsträger in einer Probe entstehen Diffusionsströme. Die Dichte des Diffusionsstromes der Elektronen bzw. Löcher wird durch folgende Gleichungen bestimmt:

$$
\begin{aligned}
j_{n\,\mathrm{Diff}} &= e D_n \operatorname{grad} n, \\
j_{p\,\mathrm{Diff}} &= -\, e D_p \operatorname{grad} p,
\end{aligned}
\tag{3.1}
$$

wobei e der absolute Betrag der Elektronenladung ist, D_n und D_p sind die Diffusionskoeffizienten der Elektronen und Löcher, n und p ihre Konzentrationen. Die Gesamtdichte des Elektronen- und Löcherstromes setzt sich dann aus der Diffusions- und der Driftkomponente additiv zusammen:

$$
\begin{aligned}
j_n &= e D_n \operatorname{grad} n + e n \mu_n E, \\
j_p &= -e D_p \operatorname{grad} p + e p \mu_p E.
\end{aligned}
\tag{3.2}
$$

Hierbei sind μ_n und μ_p die Beweglichkeit der Elektronen und Löcher.

Im Gleichgewichtszustand fließt in einem unipolaren Halbleiter — beispielsweise in einem n-Halbleiter — kein Strom:

$$j_n = j_{n\,\mathrm{Diff}} + j_{n\,\mathrm{Drift}} = 0. \tag{3.3}$$

Wenn wir die Elektronenkonzentration nach Formel (1.5) unter Berücksichtigung der Verschiebung des Leitungsbandminimums um den Betrag $-e\varphi(r)$ berechnen, finden wir mit (3.1)

$$j_{n\,\mathrm{Diff}} = \frac{e^2 D_n}{kT} \frac{dn}{d\eta} \operatorname{grad} \varphi, \tag{3.4}$$

wobei φ das elektrostatische Potential, $\eta = \dfrac{F - E_c}{kT}$ ist.

Hieraus erhalten wir auf Grund der Gleichungen (3.2) und (3.3)

$$D_n = \frac{n\mu_n kT}{e\dfrac{dn}{d\eta}}. \tag{3.5}$$

Eine analoge Beziehung ergibt sich ebenso für die Löcher:

$$D_p = -\frac{p\mu_p kT}{e\dfrac{dp}{d\eta}}. \tag{3.6}$$

Bei nichtentarteten Halbleitern, wenn die Formel (1.7) gilt, gehen die Gleichungen (3.5) und (3.6) in die EINSTEINschen Beziehungen über:

$$D_n = \frac{\mu_n kT}{e}, \quad D_p = \frac{\mu_p kT}{e}. \tag{3.7}$$

Die Kinetik der Elektronen und Löcher wird durch die Kontinuitätsgleichungen beschrieben:

$$\begin{aligned} \frac{\partial n}{\partial t} &= g - \frac{\Delta n}{\tau_n} + \frac{1}{e} \operatorname{div} j_n, \\ \frac{\partial p}{\partial t} &= g - \frac{\Delta p}{\tau_p} - \frac{1}{e} \operatorname{div} j_p. \end{aligned} \tag{3.8}$$

Hierbei sind Δn und Δp die Differenzen zwischen den Konzentrationen der Elektronen und Löcher n und p und ihren Gleichgewichtswerten n_0 und p_0; g ist die Zahl der Elektron-Loch-Paare, die pro Zeit- und Volumeneinheit in der Probe entstehen.

Im Fall der optischen Anregung gilt

$$g = \gamma \alpha I e^{-\alpha x}, \tag{3.9}$$

wobei γ die Quantenausbeute, α der Absorptionskoeffizient des Lichtes, $I \cdot e^{-\alpha x}$ die Dichte des Quantenstromes, τ_n und τ_p die Lebensdauer der Elektronen und Löcher (entsprechend den Formeln (2.1) und (2.3)) sind.

Beim Betrachten der Diffusionsprozesse führt man gewöhnlich charakteristische Größen der Dimension einer Länge ein:

$$L_n = \sqrt{D_n \tau_n}, \qquad L_p = \sqrt{D_p \tau_p}, \tag{3.10}$$

die als Diffusionslängen der Elektronen bzw. Löcher bezeichnet werden.

Wenn die elektrische Neutralität gestört ist, muß man außer den Gleichungen (3.8) und (3.2) die POISSONsche Gleichung hinzufügen:

$$\operatorname{div} E = \frac{4\pi\varrho}{\varepsilon}, \tag{3.11}$$

wobei ϱ die elektrische Ladungsdichte und ε die Dielektrizitätskonstante des Halbleiters ist.

In vielen Fällen ist jedoch die Bedingung der lokalen Elektroneutralität im Halbleiter erfüllt.

Bei fehlendem Anhaften, d. h. bei $\tau_n = \tau_p = \tau$, gilt somit

$$\left.\begin{aligned} &\Delta n = \Delta p, \\ &\quad \varrho = 0, \quad \operatorname{div}(j_n + j_p) = 0. \end{aligned}\right\} \tag{3.12}$$

Dabei stehen Diffusion und Drift der Elektronen und Löcher in gegenseitiger Wechselbeziehung, und es entsteht ein zusätzliches elektrisches Feld, das die schneller diffundierenden Träger bremst und die langsameren anzieht. Die Ausbreitung einer einheitlichen neutralen Front von Überschußträgern wird in Übereinstimmung mit (3.8) und (3.12) durch folgende Gleichung beschrieben:

$$\frac{\partial(\Delta p)}{\partial t} = g - \frac{\Delta p}{\tau} + \operatorname{div}(D \operatorname{grad} \Delta p) - \mu E \operatorname{grad} \Delta p, \quad (3.13)$$

wobei D der ambipolare Diffusionskoeffizient und μ die ambipolare Driftbeweglichkeit ist:

$$D = \frac{n+p}{\dfrac{n}{D_p} + \dfrac{n}{D_n}}, \quad \mu = \frac{n-p}{\dfrac{n}{\mu_p} + \dfrac{p}{\mu_n}}. \quad (3.14)$$

Eine charakteristische Länge dieses Prozesses stellt die ambipolare Diffusionslänge L dar:

$$L = \sqrt{D\tau}. \quad (3.15)$$

Die Gleichung der ambipolaren Diffusion vereinfacht sich wesentlich in den Fällen, wenn D konstant ist. Das ist der Fall, wenn die Träger einer Sorte stark überwiegen (dabei ist D der Diffusionskoeffizient der Minoritätsträger) oder wenn Eigenleitung vorliegt:

$$n = p, \quad D = \frac{2 D_n D_p}{D_n + D_p}, \quad (3.16)$$

dabei gilt $\mu = 0$.

Weiterhin ist es erforderlich, zur Gleichung (3.13) die Randbedingungen zu formulieren. An der Oberfläche des Halbleiters geht die Rekombination der überschüssigen Ladungsträger vor sich.

Mit u_s bezeichnen wir die Zahl der Paare, die pro Sekunde auf 1 cm² Oberfläche rekombinieren. Die Geschwindigkeit der Oberflächenrekombination s (mit der Dimension cm/s) ist mit u_s durch die folgende Beziehung verbunden:

$$s = \frac{\mu_s}{\Delta n} = \frac{u_s}{\Delta p}, \quad (3.17)$$

wobei $\Delta n = \Delta p$ die Konzentration der überschüssigen Ladungsträger an der Oberfläche ist. Die Elektronen und Löcher, die an der

Oberfläche rekombinieren, rühren von der Oberflächenanregung und von den Strömen der Überschußträger, die zur Oberfläche gerichtet sind, her.

Deshalb kann man die Randbedingung an der Oberfläche eines p-Halbleiters in folgender Form niederschreiben:

$$g_s = \frac{1}{e}(\boldsymbol{j}_n \boldsymbol{\nu}) + s\Delta n,$$

wobei $\boldsymbol{\nu}$ der Einheitsvektor der Außennormale zur Oberfläche ist.

Außerdem werden wir die Randbedingung für die Stromdichte der Träger am Kontakt des Halbleiters durch die Angabe des Injektionskoeffizienten γ, der als das Verhältnis der Stromdichte der Überschußträger zur Gesamtstromdichte definiert ist, festlegen.

40. Es ist der Diffusionskoeffizient der Elektronen für nichtentartetes Germanium bei Zimmertemperatur ($\mu_n = 3800\ \mathrm{cm^2/Vs}$) zu berechnen.

41. Es ist der Diffusionskoeffizient der Elektronen im Falle völliger Entartung zu errechnen. Für das Dispersionsgesetz der Elektronen gilt die Beziehung (1.3a); $\mu_n = 300\ \mathrm{cm^2/Vs}$, $n = 10^{18}\ \mathrm{cm^{-3}}$, $m_n = 0{,}2\ m_0$.

42. Es ist der Ausdruck für den Diffusionskoeffizienten des entarteten Elektronengases im Halbleiter herzuleiten, wenn für die Energieabhängigkeit vom Quasiwellenvektor der Ausdruck (1.3b) gilt.

43. Es ist der ambipolare Diffusionskoeffizient für eigenleitendes Germanium bei Zimmertemperatur zu errechnen ($b = \mu_n/\mu_p = 2{,}1$, $\mu_n = 3800\ \mathrm{cm^2/Vs}$).

44. Bestimme die Konzentration der Nichtgleichgewichtsträger an der Oberfläche einer dicken n-Ge-Probe, wenn die Anregung im gesamten Volumen gleichmäßig ist: $g_0 = 2{,}5 \cdot 10^{17}\ \mathrm{cm^{-3}\,s^{-1}}$; die Lebensdauer der Löcher sei $\tau_p = 4 \cdot 10^{-6}\ \mathrm{s}$ und die Geschwindigkeit der Oberflächenrekombination $s = 5 \cdot 10^2\ \mathrm{cm/s}$, $D_p = 49\ \mathrm{cm^2\,s^{-1}}$.

45. Bestimme die Konzentration der Nichtgleichgewichtslöcher an der beleuchteten Oberfläche einer dicken n-Ge-Probe. Dabei sei $s = 5 \cdot 10^2\ \mathrm{cm/s}$, die Quantenflußdichte $I = 6 \cdot 10^{16}\ \mathrm{cm^{-2}\,s^{-1}}$, die Quantenausbeute $\gamma = 1$, der Absorptionskoeffizient $\alpha = 10^3\ \mathrm{cm^{-1}}$, $\tau_p = 10^{-4}\ \mathrm{s}$, $D_p = 49\ \mathrm{cm^2/s}$.

46*. Es ist für den Dember-Effekt die elektrische Feldspannung herzuleiten, die in Richtung der Normalen zur Oberfläche des Halbleiters (siehe Abb. 2) entsteht. Die Probe wird so beleuchtet, daß die Anregung der Elektron-Loch-Paare nur in einer dünnen Schicht an der Oberfläche stattfindet. Außerdem ist der hergeleitete Ausdruck für n-Ge bei $T = 300\,°K$ zu analysieren, wenn $L = 0{,}3$ mm, $n_0 = 5 \cdot 10^{14}$ cm^{-3} und $\varepsilon = 16$ gilt. Das Injektionsniveau sei klein: $\Delta\sigma/\sigma_0 \ll 1$. Außerdem sei $|\Delta n - \Delta p| \ll \Delta p$.

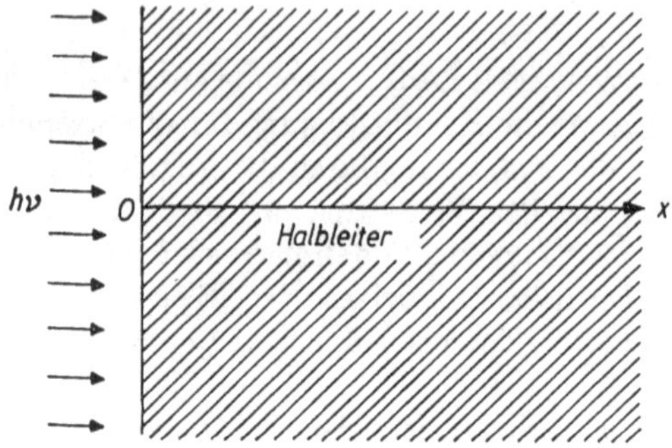

Abb. 2

47*. Bestimme die Potentialdifferenz, die beim Dember-Effekt zwischen der beleuchteten und der unbeleuchteten Oberfläche einer dicken n-Ge-Probe entsteht (siehe Abb. 2). Die Oberflächenanregungsintensität sei $g_s = 10^{15}$ cm^{-2}s^{-1}, die Lebensdauer der Nichtgleichgewichtsträger im Volumen $\tau = 19{,}3 \cdot 10^{-6}$ s, die Geschwindigkeit der Oberflächenrekombination $s = 100$ cm/s, $D_n = 98$ cm^2/s, $b = 2{,}1$ und $n_0 = 5 \cdot 10^{14}$ cm^{-3}.

48*. Bestimme die Konzentration der Nichtgleichgewichtsträger an der oberen und unteren Fläche einer dünnen Halbleiterplatte vom n-Typ (siehe Abb. 3) bei gleichmäßiger Volumenanregung durch

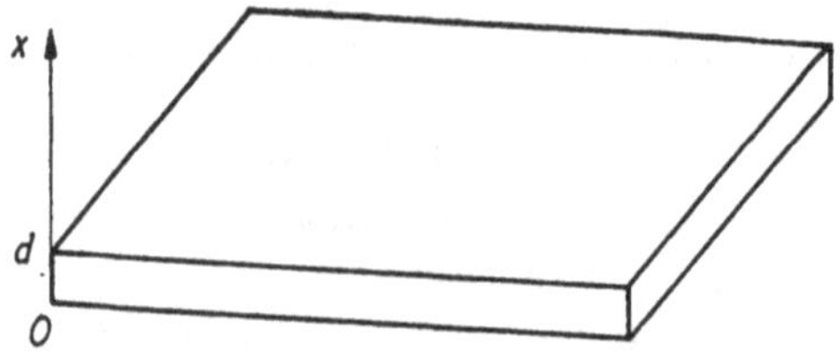

Abb. 3

Licht mit einer Quantenflußdichte von $I = 5 \cdot 10^{16}\,\mathrm{cm^{-2}\,s^{-1}}$ und einem Absorptionskoeffizienten von $\alpha = 5\,\mathrm{cm^{-1}}$. Die Quantenausbeute sei gleich 1, die Dicke des Plättchens $d = 0{,}7\,\mathrm{mm}$, die Geschwindigkeit der Oberflächenrekombination $s = 500\,\mathrm{cm\,s^{-1}}$, $\tau_p = 10^{-4}\,\mathrm{s}$ und $D_p = 49\,\mathrm{cm^2\,s^{-1}}$.

49. Es ist die Verteilung der Nichtgleichgewichtslöcher in einer langen fadenförmigen n-Ge-Probe bei einer stationären Löcherinjektion in einem Punkt und einem an die Probe angelegten elektrischen Feld von $E = 5\,\mathrm{V/cm}$ zu bestimmen. Die Temperatur betrage $T = 300\,^\circ\mathrm{K}$, und der Halbleiter sei nicht entartet. Die Länge sei $L_p = 0{,}09\,\mathrm{cm}$.

50. In einem homogenen und einseitig unbegrenzten elektronenleitenden Halbleiter werden im Punkte $x = 0\,(0 \leqq x < \infty)$ stationär Löcher injiziert. Es ist die Konzentration der injizierten Löcher im Punkte $x = 0$ zu bestimmen, wenn der Injektionskoeffizient $\gamma = 0{,}5$ ist. Die Gesamtstromdichte ist $1{,}6\,\mathrm{mA\,cm^{-2}}$, $L_p = 0{,}1\,\mathrm{cm}$, $D_p = 50\,\mathrm{cm^2\,s^{-1}}$. Die Drift der Löcher wird vernachlässigt.

51. Unter den zur vorhergehenden Aufgabe analogen Bedingungen (lediglich ist jetzt $L_p = 0{,}05\,\mathrm{cm}$) ist die elektrische Feldspannung im Injektionspunkt zu bestimmen, wenn die spezifische Leitfähigkeit der Probe $\sigma_0 = 0{,}1\,\Omega^{-1}\mathrm{cm^{-1}}$ und $b = 2{,}1$ ist. Weiterhin sei $n_0 \gg p_0$, Δp.

52. Es ist die Konzentration der Nichtgleichgewichtslöcher zu untersuchen, die stationär im Punkt $x = 0$ in einen homogenen und einseitig unbegrenzten elektronenleitenden Halbleiter injiziert werden, wenn für die Lebensdauer der Löcher $\tau_p = a/p$ gilt, wobei a konstant ist. Weiterhin sei $\Delta p \gg p_0$. Die Drift der Löcher ist zu vernachlässigen.

53. An der Grenze einer einseitig unbegrenzten $(0 \ll x < \infty)$ und schwach dotierten elektronenleitenden Halbleiterprobe, an die im Punkte $x = 0$ ein starkes elektrisches Feld $E > 0$ angelegt ist, soll die Nichtgleichgewichtskonzentration der Löcher errechnet werden. Der Injektionskoeffizient ist $\gamma = 0{,}15$; außerdem gilt $n_0 = 10^{13}\,\mathrm{cm^{-3}}$, $p_0 = 0{,}5 \cdot 10^{13}\,\mathrm{cm^{-3}}$, $b = 2{,}1$. Weiterhin wird angenommen, daß $\Delta n = \Delta p \ll n_0$ ist und stationäre Bedingungen herrschen.

54. Es ist die Nichtgleichgewichtskonzentration der Löcher im Punkte $x = 0$ unter den Bedingungen der vorhergehenden Aufgabe bei umgekehrter Richtung des elektrischen Feldes $(E < 0)$ zu berechnen.

55. Durch eine Lichtsonde werden in einem Punkt einer elektronenleitenden Halbleiterprobe Trägerpaare erzeugt. Es ist die Diffusionslänge der Löcher für den eindimensionalen Fall zu bestimmen, wenn die Nichtgleichgewichtsträgerkonzentration in der Entfernung $x_1 = 2$ mm von der Sonde gleich $\Delta p_1 = 10^{14}$ cm^{-3} und in einer Entfernung $x_2 = 4{,}3$ mm gleich $\Delta p_2 = 10^{13}$ cm^{-3} ist.

4. Diffusion und Drift der Ladungsträger im Magnetfeld

In einem homogenen und isotropen Halbleiter, der sich unter Einwirkung eines elektrischen Feldes $\boldsymbol{E}$ und eines schwachen Magnetfeldes $\boldsymbol{H}$, welches zu $\boldsymbol{E}$ senkrecht ist, befindet, gelten für die Trägerstromdichten folgende Formeln:

$$\boldsymbol{j}_n = ne\mu_n \left\{\boldsymbol{E}\left[1 - \eta_n \left(\frac{\mu_{nH} H}{c}\right)^2\right] - \frac{\mu_{nH}}{c} [\boldsymbol{E} \times \boldsymbol{H}]\right\}, \qquad (4.1)$$

$$\boldsymbol{j}_p = pe\mu_p \left\{\boldsymbol{E}\left[1 - \eta_p \left(\frac{\mu_{pH} H}{c}\right)^2\right] + \frac{\mu_{pH}}{c} [\boldsymbol{E} \times \boldsymbol{H}]\right\}. \qquad (4.2)$$

Hierbei sind μ_{nH} und μ_{pH} die HALL-Beweglichkeiten; η_n und η_p sind Konstanten, die die Abhängigkeit der freien Weglänge von der Energie bestimmen. Das Magnetfeld gilt dann als schwach, wenn

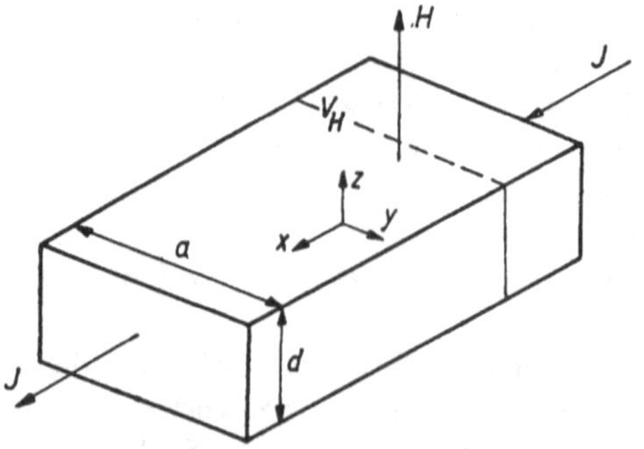

Abb. 4

$\mu_{nH}H/c \ll 1$ und $\mu_{pH}H/c \ll 1$ gilt und in den Formeln die Glieder, in denen diese Parameter höher als in zweiter Ordnung vorkommen, nicht berücksichtigt zu werden brauchen.

Bei den in Abb. 4 angegebenen Versuchsbedingungen entsteht zwischen den Seitenflächen der Probe die HALL-Spannung V_H, so daß in Richtung der y-Achse das HALL-Feld E_y wirkt. Das Verhältnis

$$R = \frac{cE_y}{j_x H} \tag{4.3}$$

wird HALL-Konstante genannt (j_x ist die Stromdichte entlang der x-Achse).

Unter diesen Bedingungen ist der Zusammenhang zwischen E_x und j_x durch folgende Beziehung gegeben:

$$j_x = (\sigma_0 + \Delta\sigma)\, E_x, \tag{4.4}$$

wobei σ_0 die Leitfähigkeit bei $H = 0$ ist. Für die relative Änderung der Leitfähigkeit im schwachen Magnetfeld gilt der Ausdruck

$$-\frac{\Delta\sigma}{\sigma_0} = \xi R_0^2 \sigma_0^2 \frac{H^2}{c^2}. \tag{4.5}$$

Hierbei ist R_0 der Wert der HALL-Konstanten im Grenzfall $H \to 0$, ξ ist der Koeffizient der magnetischen Widerstandsänderung.

Im Falle eines inhomogenen nichtentarteten Halbleiters (n und p sind koordinatenabhängig) hat man in den Formeln (4.1) bzw. (4.2) die Substitutionen

$$\boldsymbol{E} \to \boldsymbol{E}_n^* = \boldsymbol{E} + \frac{kT}{e}\,\mathrm{grad}\ln n \tag{4.1a}$$

bzw.

$$\boldsymbol{E} \to \boldsymbol{E}_p^* = \boldsymbol{E} - \frac{kT}{e}\,\mathrm{grad}\ln p \tag{4.2a}$$

einzuführen.

Wenn ein starkes Magnetfeld H anliegt (aber nicht so stark, daß $\frac{eH\hbar}{mc} \cdot \frac{1}{kT} \gg 1$ gilt und sich Quanteneffekte bemerkbar machen), wird der Einfluß von H für den Fall, daß die freie Weglänge der

Träger energieunabhängig ist, durch folgende Gleichungen wiedergegeben:

$$j_n = \frac{n e \mu_n}{1 + \left(\frac{\mu_n H}{c}\right)^2} \left\{ E - \frac{\mu_n}{c} [E \times H] \right\}, \tag{4.6}$$

$$j_p = \frac{p e \mu_p}{1 + \left(\frac{\mu_p H}{c}\right)^2} \left\{ E + \frac{\mu_p}{c} [E \times H] \right\}. \tag{4.7}$$

Der primäre Trägerfluß, der durch das Magnetfeld abgelenkt wird, kann nicht nur durch Anlegen eines äußeren Feldes E_x hervorgerufen werden. Es werde eine Fläche einer isolierten rechteckigen Probe (siehe Abb. 5) mit Licht bestrahlt, so daß Nichtgleichgewichts-

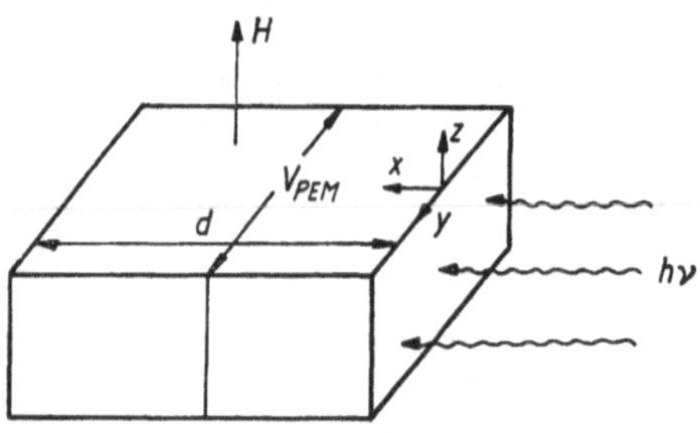

Abb. 5

paare von Elektronen und Löchern ungleichmäßig über das Volumen entstehen. Dann beginnen in Richtung der x-Achse Diffusionsströme zu fließen und unter Einfluß des Magnetfeldes, das eine Ablenkung in Richtung der y-Achse ergibt, entsteht zwischen den Seitenflächen senkrecht zur y-Achse die Spannung des photoelektromagnetischen Effektes V_{PEM}. Die Maße der Probe seien in der yz-Ebene hinreichend groß, so daß keine Größen von den Veränderlichen z, y abhängen. Unter stationären Bedingungen gilt

$$\operatorname{rot} E = 0, \quad \frac{dE_y}{dx} = 0,$$

und somit ist das Feld E_y überall konstant. Das in Abb. 5 betrachtete Modell kann man durch folgende Gleichungen beschreiben:

$$\frac{1}{e}\operatorname{div}\boldsymbol{j}_n = \frac{\Delta n}{\tau_n} = \frac{\Delta p}{\tau_p} = -\frac{1}{e}\operatorname{div}\boldsymbol{j}_p, \tag{4.8}$$

$$j_{nx} + j_{px} = 0. \tag{4.9}$$

Dabei wurde vorausgesetzt, daß eine Änderung in der Besetzung der Haftniveaus den Überschußkonzentrationen proportional ist. Bei kleinen Magnetfeldern kann man in den Ausdrücken für die Stromdichten

$$\boldsymbol{j}_n = \boldsymbol{j}_n^* - \frac{\mu_{nH}}{c}[\boldsymbol{j}_n^* \times \boldsymbol{H}], \quad \boldsymbol{j}_n^* = ne\mu_n\boldsymbol{E} + eD_n \operatorname{grad} n, \tag{4.10}$$

$$\boldsymbol{j}_p = \boldsymbol{j}_p^* + \frac{\mu_{pH}}{c}[\boldsymbol{j}_p^* \times \boldsymbol{H}], \quad \boldsymbol{j}_p^* = pe\mu_p\boldsymbol{E} - eD_p \operatorname{grad} p \tag{4.11}$$

die Glieder mit H in erster Näherung vernachlässigen. Ferner bestimmen wir Δn, Δp aus dem eindimensionalen Problem mit den Randbedingungen (Anregung an der Oberfläche)

$$g = -\frac{1}{e} j_{px} + s_0 \Delta n, \qquad x = 0;$$

$$0 = \frac{1}{e} j_{nx} + s_d \Delta n, \qquad x = d.$$

Nunmehr kann man die Stromdichte des PEM-Effektes j_y (oder das Feld E_y des PEM-Effektes bei $\int_0^d j_y \, \mathrm{d}x = 0$) aus der Gleichung

$$j_y = eE_y(n\mu_n + p\mu_p) + \frac{eH(\mu_{nH} + \mu_{pH})}{c} D_n^* \frac{\mathrm{d}n}{\mathrm{d}x} \tag{4.12}$$

finden. Hierbei ist $n = n_0 + \Delta n$. D ist der ambipolare Diffusionskoeffizient (3.14), und weiterhin gilt

$$D_n^* = D \frac{n\tau_p + p\tau_n}{\tau_n(n + p)}. \tag{4.13}$$

56. In einer n-Probe ist die Stromdichte entlang der x-Achse $j_x = 0{,}1\ \text{A cm}^{-2}$. Das Magnetfeld beträgt in z-Richtung $H = 1000$ Oe. Wenn Streuung an Gitterschwingungen vorliegt, ist $\mu_{nH} = 1{,}18\,\mu_n$. Es ist die HALL-Spannung V_H und R zu bestimmen, wenn $n_0 = 10^{15}\ \text{cm}^{-3}$ und die Abmessung der Probe in y-Richtung $a = 0{,}5$ cm beträgt.

57. Beim Anlegen eines Magnetfeldes $H_z = 4000$ Oe quer zur Stromrichtung an eine p-Probe erhöhe sich der Widerstand um 0,22%. Der Koeffizient der magnetischen Widerstandsänderung ξ_p und der Koeffizient η_p in den Formeln (4.2) und (4.5) ist zu bestimmen, wobei $\mu_{pH} = 2240\ \text{cm}^2/\text{Vs}$ gelten soll.

58. Es ist die HALL-Konstante für InSb, welches Akzeptoren der Konzentration $N_a = 5 \cdot 10^{16}\ \text{cm}^{-3}$ enthält, für $T = 300\,°\text{K}$ zu bestimmen, wenn das Verhältnis der HALL- zu der Driftbeweglichkeit gleich 1,18 ist. Es sei ein schwaches Magnetfeld angelegt und alle Akzeptoren seien ionisiert. Weiterhin sei $n_i = 1{,}6 \cdot 10^{16}\ \text{cm}^{-3}$, $\frac{\mu_n}{\mu_p} = 80$.

59*. Für einen p-Halbleiter sei bei $\beta = \mu_{pH} H/c = 0{,}2$ $R = 0$. Es ist der Koeffizient der magnetischen Widerstandsänderung ξ zu bestimmen, wenn $b = \frac{\mu_n}{\mu_p} = 30$ ist und die freie Weglänge der Elektronen und Löcher energieunabhängig ist.

60. Es ist die Spannung des PEM-Effektes zwischen den Seitenflächen einer massiven quaderförmigen n-Probe zu bestimmen, wenn $\beta = 0{,}07$ ist. Die maximale Konzentration der Überschußträger (an der Oberfläche) ist $\Delta n(0) = 10^{14}\ \text{cm}^{-3}$. Weiterhin sei $\varrho_0 = 1{,}6\ \Omega\text{cm}$, $D_p = 45\ \text{cm}^2/\text{s}$ und $b = 2{,}1$.

61. Für einen p-Halbleiter ist die Lebensdauer zu bestimmen, wenn entlang der y-Achse das Feld $E_{1y} = 0{,}168$ V/cm (siehe Abb. 5) und in z-Richtung ein Magnetfeld $H = 1000$ Oe angelegt ist. Der Strom, der in y-Richtung fließt, hänge nicht von der schwachen Bestrahlung der zur x-Achse senkrechten Flächen ab. Dabei sei $D_n = 98\ \text{cm}^2/\text{s}$ und $\frac{\mu_{nH} + \mu_{pH}}{\mu_n + \mu_p} = 1{,}2$. Die Maße der Probe seien hinreichend groß, und es sei kein Anhaften vorhanden.

62. An der Oberfläche bei $x = 0$ (siehe Abb. 5) einer n-Probe werden durch Licht Nichtgleichgewichtsträger angeregt, so daß $\Delta n(0) = 2 \cdot 10^{13}\ \text{cm}^{-3}$ ist. Die relative Abnahme des Widerstands-

wertes der Probe beträgt $\delta = 1{,}2\%$, und man findet $V_{\text{PEM}} = 3{,}8 \cdot 10^{-3}\,\text{V}$, wobei $\beta = 0{,}1$ ist. Es ist τ_p und τ_n zu bestimmen, wobei $\mu_n = 3800\,\text{cm}^2/\text{Vs}$, $b = 2{,}1$, $D_p = 45\,\text{cm}^2/\text{s}$, $d = 0{,}2$ cm gilt und die Abmessung der Probe in y-Richtung $a = 1$ cm beträgt.

5. Oberflächenerscheinungen

Die an der Oberfläche eines Halbleiters vorhandenen Oberflächenzustände führen zur Bildung einer Doppelschicht der elektrischen Ladung. Je nachdem, ob diese Zustände die Eigenschaften von Akzeptoren oder Donatoren haben, lädt sich die Oberfläche negativ oder positiv auf. Dabei entsteht im Oberflächengebiet eine Raumladungsschicht. Das dadurch entstehende elektrische Feld ruft im Falle von Akzeptorzuständen eine Krümmung der Energiebänder nach oben und im Falle von Donatorzuständen nach unten hervor:

$$\left.\begin{aligned} E_c(\boldsymbol{r}) &= E_{c0} - e\varphi(\boldsymbol{r}), \\ E_v(\boldsymbol{r}) &= E_{v0} - e\varphi(\boldsymbol{r}). \end{aligned}\right\} \tag{5.1}$$

Im Raumladungsgebiet hängen die Konzentrationen der Elektronen und Löcher von den Koordinaten ab. Für einen nichtentarteten Halbleiter haben diese Abhängigkeiten folgendes Aussehen:

$$\left.\begin{aligned} n(\boldsymbol{r}) &= N_c e^{\frac{F - E_{c0} + e\varphi(\boldsymbol{r})}{kT}} = n e^{\frac{e\varphi(\boldsymbol{r})}{kT}}, \\ p(\boldsymbol{r}) &= N_v e^{\frac{E_{v0} - e\varphi(\boldsymbol{r}) - F}{kT}} = p e^{-\frac{e\varphi(\boldsymbol{r})}{kT}}. \end{aligned}\right\} \tag{5.2}$$

Zur Bestimmung des elektrostatischen Potentials $\varphi(r)$ muß man die Poisson-Gleichung mit den entsprechenden Randbedingungen lösen:

$$\operatorname{div} \boldsymbol{D} = 4\pi\varrho, \qquad \boldsymbol{D} = \varepsilon \boldsymbol{E} = -\varepsilon \frac{\mathrm{d}\varphi}{\mathrm{d}r}, \tag{5.3}$$

wobei ϱ die Raumladungsdichte und ε die Dielektrizitätskonstante ist. Es gilt

$$\varrho = e[N_D^+(\boldsymbol{r}) - N_a^-(\boldsymbol{r}) + p(\boldsymbol{r}) - n(\boldsymbol{r})]. \tag{5.4}$$

Die Größen $n(\boldsymbol{r})$ und $p(\boldsymbol{r})$ werden durch die Beziehungen (5.2) bestimmt. Die Konzentrationen der ionisierten Donatoren oder Akzeptoren werden nach den folgenden Ausdrücken errechnet:

$$\left.\begin{aligned} N_D^+ &= \frac{N_D}{1 + e^{\frac{F - E_D + e\varphi(\boldsymbol{r})}{kT}}}, \\ N_A^- &= \frac{N_A}{1 + e^{\frac{E_A - F - e\varphi(\boldsymbol{r})}{kT}}}. \end{aligned}\right\} \tag{5.5}$$

Hierbei ist $E_a = E_a^* + kT \ln g_A$ und $E_D = E_D^* + kT \ln g_D$. E_A^* und E_D^* sind die Störtermenergien der Akzeptoren und Donatoren im Halbleiter. g_A und g_D geben den Entartungsgrad der Akzeptor- und Donatorniveaus an.

Die Breite des Raumladungsgebietes wird durch die Abschirmlänge (DEBYE-Länge) L_D charakterisiert. Für elektronenleitende Halbleiter ist sie

$$L_D = \sqrt{\frac{\varepsilon kT}{4\pi e^2 n}}, \tag{5.6}$$

für eigenleitende Halbleiter hingegen

$$L_D = \sqrt{\frac{\varepsilon kT}{8\pi e^2 n_i}}. \tag{5.7}$$

Wenn kein äußeres elektrisches Feld angelegt wird, ist der Halbleiter insgesamt neutral. Die Neutralitätsbedingungen für eine eindimensionale, einseitig unbegrenzte Halbleiterprobe (im weiteren wird dieser Fall betrachtet) mit der Oberfläche bei $x = 0$ $(0 \leq x < \infty)$ hat die Form

$$\int_0^\infty \varrho(x)\,\mathrm{d}x + Q_s = 0, \tag{5.8}$$

wobei Q_s die Oberflächenladungsdichte in den Oberflächenzuständen ist.

Die Überschußkonzentrationen der Elektronen und Löcher in der Raumladungsschicht werden nach den folgenden Formeln errechnet:

$$\Delta N = \int_0^\infty [n(x) - n]\,\mathrm{d}x, \quad \Delta P = \int_0^\infty [p(x) - p]\,\mathrm{d}x, \tag{5.9}$$

wobei n und p die Volumenkonzentrationen der Elektronen und Löcher sind.

Die Oberflächenleitfähigkeit G wird durch den Ausdruck

$$G = e\mu_n^* \Delta N + e\mu_p^* \Delta P \tag{5.10}$$

bestimmt, wobei μ_n^* und μ_p^* die effektiven Beweglichkeiten der Elektronen und Löcher in der Raumladungsschicht sind. Man

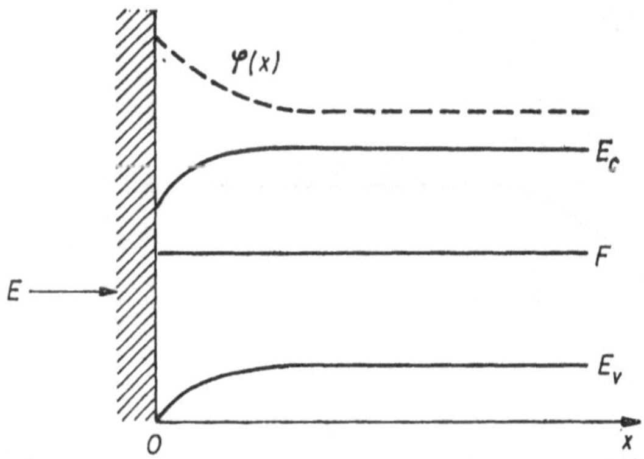

Abb. 6

nimmt oft an, daß sie gleich den Beweglichkeitswerten im Inneren der Probe sind.

63. Es ist der Verlauf der Bänder zu bestimmen, wenn an einen eigenleitenden Halbleiter senkrecht zu seiner Oberfläche ein schwaches konstantes elektrisches Feld E von einer Größe angelegt wird, daß überall in der Probe $\frac{e\varphi}{kT} \ll 1$ gilt (siehe Abb. 6). Bestimme den Potentialsprung an der Oberfläche, wenn $E = 160\ \mathrm{V\,cm^{-1}}$, $n_i = 2{,}0 \cdot 10^{13}\ \mathrm{cm^{-3}}$, $\varepsilon = 16$ und $T = 300\,°\mathrm{K}$ ist.

64. Es ist die Größe der Bandverbiegung an der Oberfläche von eigenleitendem Germanium bei Zimmertemperatur zu bestimmen, wenn seine Oberfläche Donatorstörstellen mit einer Dichte von $N = 10^9\ \mathrm{cm}^{-2}$ adsorbiert hat. Die Donatoren seien alle ionisiert. Außerdem sei $\frac{e\varphi}{kT} \ll 1$, $n_i = 2{,}0 \cdot 10^{13}\ \mathrm{cm}^{-3}$, $\varepsilon = 16$.

65. Es ist die Größe der Bandverbiegung an der Oberfläche von eigenleitendem Germanium bei Zimmertemperatur zu bestimmen,

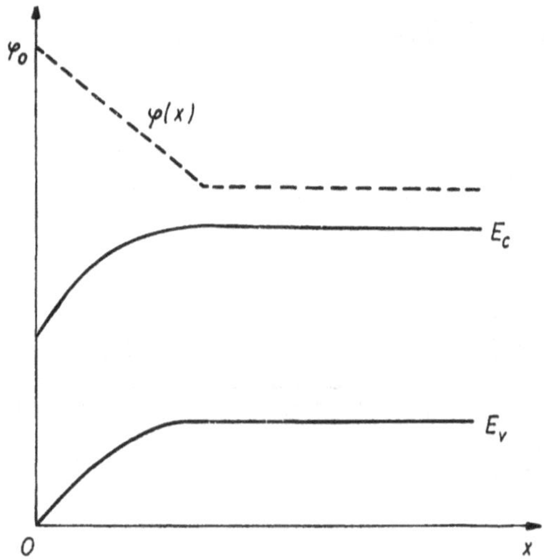

Abb. 7

wenn diese Oberfläche Donatorenstörstellen mit einer Dichte von $N = 10^{12}\ \mathrm{cm}^{-2}$ adsorbiert hat. Der Potentialverlauf $\varphi(x)$ wird durch zwei geradlinige Teilstrecken (siehe Abb. 7) approximiert:

$$\varphi = \begin{cases} \varphi_0 - Ex, & 0 \leqq x \leqq \varphi_0/E, \\ 0, & x \geqq \varphi_0/E, \end{cases}$$

wobei E konstant ist. Dabei sei die Verbiegung der Bänder an der Oberfläche groß: $\frac{e\varphi_0}{kT} \gg 1$. Weiterhin sei $n_i = 2{,}0 \cdot 10^{13}\ \mathrm{cm}^{-3}$ und $\varepsilon = 16$.

66. Bestimme die Änderung der Elektronenaustrittsarbeit, wenn die Oberfläche eines Halbleiters Moleküle mit einem Dipolmoment $d = el = 10^{-18}$ cgs-Einh. mit einer Dichte von $N = 10^{12}\,\text{cm}^{-2}$ adsorbiert hat (siehe Abb. 8).

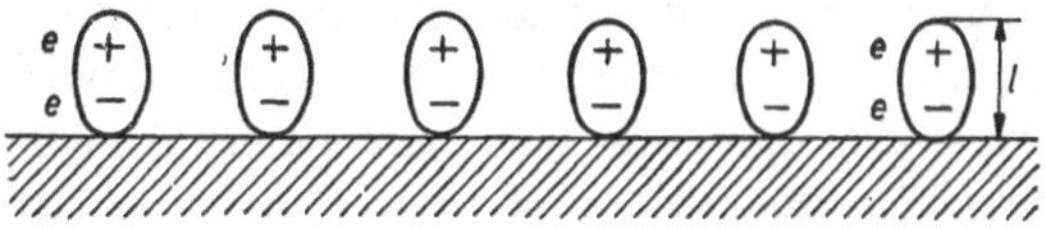

Abb. 8

67*. Für einen Halbleiter, der im Volumen ionisierte Störstellen enthält, ist der Zusammenhang zwischen der Ladungsgröße an der Oberfläche und dem Oberflächenpotential zu ermitteln. Es sei $\varphi|_{x=0} = \varphi_s > 0$.

68*. Es ist die Größe der Bandverbiegung an der Oberfläche von n-Silizium zu berechnen, wenn die Oberfläche Donatoren mit einer Dichte von $N = 10^{11}\,\text{cm}^{-2}$ adsorbiert hat (alle Donatoren seien ionisiert). Außerdem sei $n = 10^{12}\,\text{cm}^{-3}$, $\varepsilon = 12$ und $T = 300\,°\text{K}$.

69*. Es ist die Ladung an der Oberfläche von n-Germanium (alle Donatoren im Volumen seien ionisiert) zu berechnen, wenn die Bänder an der Oberfläche um den Betrag $e\varphi_s = 10\,kT$ nach oben gekrümmt sind. Dabei sei $T = 300\,°\text{K}$, $n = 10^{16}\,\text{cm}^{-3}$, $\varepsilon = 16$. Außerdem soll die Dichte der Akzeptorniveaus an der Oberfläche, die diese Ladung hervorrufen, unter der Annahme, daß alle Akzeptoren ionisiert sind, bestimmt werden.

70*. Für einen löcherleitenden Halbleiter mit ionisierten Störstellen im Volumen ist die Oberflächenleitfähigkeit zu berechnen, wenn sich bei Adsorption von Akzeptormolekülen die Energiebänder um 0,25 eV verbiegen. Dabei sei $p = 10^{13}\,\text{cm}^{-3}$, $\varepsilon = 12$, $\mu_p^* = 10^3\,\text{cm}^2/\text{Vs}$ und $T = 300\,°\text{K}$.

71*. Es ist das Oberflächenpotential eines eigenleitenden Halbleiters zu bestimmen, wenn die Oberflächenleitfähigkeit $G = 10^{-7}\,\Omega^{-1}$ ist. Für den gesamten Halbleiter sei $\mu_n^* = \mu_n = 3800\,\text{cm}^2/\text{Vs}$, $b = 2{,}1$, $\varepsilon = 16$, $n_i = 2{,}0 \cdot 10^{13}\,\text{cm}^{-3}$, $T = 300\,°\text{K}$.

72. Es ist die Ladung der Oberflächenzustände zu bestimmen, wenn an einen elektronenleitenden Halbleiter normal zu seiner Oberfläche ein konstantes elektrisches Feld $E = 5 \cdot 10^3\,\text{V/cm}$ ($\varphi > 0$) angelegt wird und dabei die Oberflächenleitfähigkeit $10^{-6}\,\Omega^{-1}$

beträgt. Für den gesamten Halbleiter sei die Bedingung $\frac{e\varphi}{kT} \ll 1$ erfüllt. Alle Donatoren im Halbleiter betrachte man als ionisiert. Außerdem sei $n = 5 \cdot 10^{14}\,\mathrm{cm}^{-3}$, $\varepsilon = 16$, $\mu^* = \mu_n = 3800\,\mathrm{cm}^2/\mathrm{Vs}$ und $T = 300\,°\mathrm{K}$.

73*. Es ist das Oberflächenpotential eines n-Halbleiters bei Adsorption von Donatorenmolekülen der Dichte N zu bestimmen, wenn alle Donatorstörstellen im Volumen des Halbleiters in einem Abstand, der größer als die Abschirmlänge ist, ionisiert sind. Dabei sei $N_D = n = 3 \cdot 10^{14}\,\mathrm{cm}^{-3}$, $\varepsilon = 16$ und $T = 300\,°\mathrm{K}$. Es sind zwei Fälle zu betrachten:

a) $N = 10^9\,\mathrm{cm}^{-2}$, wobei $\frac{e\varphi_s}{kT} \ll 1$ und $\varphi_s = \varphi|_{x=0}$ ist.

b) $N = 3 \cdot 10^{12}\,\mathrm{cm}^{-2}$, wobei $\frac{e\varphi_s}{kT} \gg 1$ ist.

74*. Es ist die Oberflächendichte der negativen Ladung in einem löcherleitenden Halbleiter zu bestimmen, wenn das Oberflächenpotential gleich $|\varphi_s| = 0{,}25$ ist. Alle Akzeptoren im Inneren des Halbleiters (in einem Abstand, der größer als die Abschirmlänge ist) seien ionisiert. Außerdem sei $p = 3 \cdot 10^{14}\,\mathrm{cm}^{-3}$, $\varepsilon = 16$ und $T = 300\,°\mathrm{K}$.

75. Es ist die Geschwindigkeit der Oberflächenrekombination s für eine dünne und lange Platte zu bestimmen, deren Länge und Breite viel größer als ihre Dicke $2a = 0{,}5$ mm ist. Die Geschwindigkeit der Oberflächenrekombination sei auf beiden Seiten der Platte gleich. Die effektive Lebensdauer der Nichtgleichgewichtsträger in der Platte sei $\tau_1 = 125\,\mu\mathrm{s}$ und die Volumenlebensdauer, für eine dicke Probe gemessen, gleich $\tau_p = 250\,\mu\mathrm{s}$. Dabei ist die Bedingung $\frac{sa}{D_p} \ll 1$ zu benutzen.

76*. Es ist die Geschwindigkeit der Oberflächenrekombination s_1 auf der oberen Fläche einer dünnen Platte, deren Länge und Breite viel größer als ihre Dicke $2a = 0{,}2$ mm ist, zu bestimmen. Dabei sei jedoch $s_1 \gg s_2$, wobei s_2 die Geschwindigkeit der Oberflächenrekombination auf der unteren Fläche darstellt. Die effektive Lebensdauer der Nichtgleichgewichtsträger in der Platte sei $\tau_1 = 20\,\mu\mathrm{s}$ und die Volumenlebensdauer gleich $\tau_p = 100\,\mu\mathrm{s}$. Dabei ist die Bedingung $\frac{s_1 a}{D_p} \ll 1$ zu benutzen.

77*. Es ist die Abhängigkeit der Geschwindigkeit der Oberflächenrekombination s vom Oberflächenpotential ψ_s (siehe Abb. 9) zu finden. Entsprechend (3.17) gilt $s = \frac{u_s}{\Delta n}$, wobei $u_s = u_{ps} = u_{ns}$ die absolute Einfang-Teilchenstromdichte der Elektronen oder Löcher infolge der Oberflächenzentren ist. Die Dichte der Oberflächenzentren, die an der Rekombination beteiligt sind, ist N_t, ihre Energie E_t und $\Delta p = \Delta n$ die Konzentration der Überschußträger im Volumen in unmittelbarer Nähe des Raumladungsgebietes (bei $x = x_1$). Das Anregungsniveau sei nicht hoch ($n_0 \gg \Delta p$). Der Halbleiter sei nicht entartet und die Bedingungen stationär.

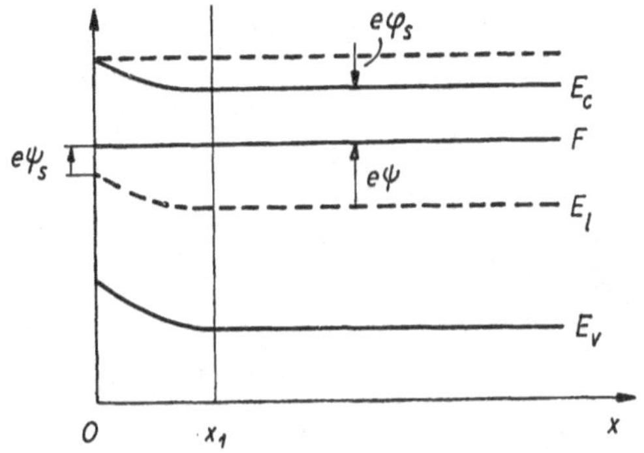

Abb. 9

78*. In der vorhergehenden Aufgabe ist das Verhältnis der Einfangquerschnitte von Elektronen und Löchern zu bestimmen, wenn die Geschwindigkeit der Oberflächenrekombination $s(\psi_s)$ ein Maximum bei $e\psi_s = 1{,}1\, kT$ hat.

6. Thermo-EMK in Halbleitern

Für die differentielle thermoelektromotorische Kraft (Thermo-EMK) eines Halbleiters mit nur einem Ladungsträgertyp gilt der Ausdruck

$$\alpha = \pm \frac{k}{e}\left(\frac{Q^*}{kT} \pm \eta\right), \tag{6.1}$$

wobei das Vorzeichen mit dem der Ladung der Stromträger zusammenfällt. Hierin ist $\eta = \frac{E}{kT}$, F das FERMI-Niveau (als Koordinatenanfang wird die entsprechende Bandkante gewählt) und Q^* eine Größe, die Transportenergie genannt wird.

Im isotropen Fall, den wir im weiteren betrachten, gilt für die Transportenergie

$$Q^* = \frac{q}{\sigma}. \tag{6.2a}$$

In dieser Formel ist

$$\sigma = \left\langle \frac{e\tau}{m^*} \right\rangle, \tag{6.3a}$$

$$q = \left\langle \frac{e\tau}{m^*} \cdot E \right\rangle. \tag{6.3b}$$

Das Zeichen $\langle\ \rangle$ bedeutet eine Mittelung über die vorhandene Ladungsträgerverteilung, es ist also eine Integration über die Energie mit dem statistischen Gewicht $\frac{k^3(E)}{3\pi^2} \cdot \left(-\frac{\partial f}{\partial E}\right)$ auszuführen:

$$\langle A(E) \rangle = \frac{1}{3\pi^2} \int_0^\infty \mathrm{d}E \cdot k^3(E) \left(-\frac{\partial f}{\partial E}\right) A(E).$$

Hierbei ist f die FERMI-Funktion (1.2), τ die Relaxationszeit für deren Abhängigkeit vom Quasiimpuls (bzw. von der Energie) folgende Beziehung gilt:

$$\tau = \tau_0 \cdot \frac{\mathrm{d}E}{\mathrm{d}k} \cdot k^{2(r-1)}. \tag{6.4}$$

m^* ist eine Größe, die die Dimension einer Masse hat und durch die Beziehung

$$m^* \boldsymbol{v} = \hbar \boldsymbol{k} \qquad \left(\boldsymbol{v} = \frac{1}{\hbar} \nabla_k E(\boldsymbol{k})\right) \tag{6.5}$$

bestimmt ist („effektive Impulsmasse“).

Im allgemeinen hängt die Größe m^* von der Energie ab, jedoch im einfachsten Falle eines quadratischen Dispersionsgesetzes ist sie konstant und fällt mit der effektiven Masse der Träger zusammen, die auf die übliche Weise bestimmt wird (siehe Aufgabe 14).

Im Ausdruck (6.4) wird die Größe r durch den Streumechanismus der Träger bestimmt. Bei Trägerstreuung an akustischen Gitterschwingungen ist $r = 0$, bei Streuung an optischen Gitterschwingungen gilt $r = 1$, wenn T höher als die DEBYE-Temperatur T_D ist, und bei $T < T_D$ gilt $r = \frac{1}{2}$. Bei Streuung an geladenen Störstellen ist $r = 2$.

Wenn in dem System mehrere Ladungsträgersorten vorhanden sind, so ist die gesamte Thermo-EMK gleich

$$\alpha = \sum \frac{\sigma_i}{\sigma} \alpha_i, \tag{6.6}$$

wobei σ_i die Leitfähigkeit und α_i die Thermo-EMK ist, die jeweils von der i-ten Ladungsträgersorte herrührt. σ ist die Gesamtleitfähigkeit. Die Summation verläuft über alle Ladungsträgersorten.

Bei tiefen Temperaturen kann in reinem Material die Thermo-EMK den durch Formel (6.1) gegebenen Wert infolge des Mitführungseffektes der Ladungsträger durch Phononen („phonon-drag"-Effekt) übertreffen. Für die „Phononen"-Komponente der Thermo-EMK gilt in diesem Falle der Ausdruck

$$\alpha_{Ph} = a \frac{v_s l_{Ph}}{\mu T}, \tag{6.7}$$

wobei v_s die Schallgeschwindigkeit, l_{Ph} die freie Weglänge der Phononen, μ die Beweglichkeit der Ladungsträger und a ein Faktor ist, durch den der Anteil der Streuung an akustischen Schwingungen an der Gesamtwahrscheinlichkeit der Trägerstreuung charakterisiert wird. Wenn die gesamte Trägerstreuung an akustischen Gitterschwingungen stattfindet, so ist der Faktor a ungefähr Eins. Im

Magnetfeld[1]) gilt für die Thermo-EMK ebenfalls der Ausdruck (6.1), wenn

$$Q^* = \frac{\sigma_1 q_1 + \sigma_2 q_2}{\sigma_1^2 + \sigma_2^2} \tag{6.2b}$$

gesetzt wird, wobei

$$\sigma_1 = \left\langle \frac{e\tau}{m^*} \frac{1}{1+w^2} \right\rangle, \quad \sigma_2 = \left\langle \frac{e\tau}{m^*} \frac{w}{1+w^2} \right\rangle, \tag{6.3c}$$

$$q_1 = \left\langle \frac{e\tau}{m^*} E \frac{1}{1+w^2} \right\rangle, \quad q_2 = \left\langle \frac{e\tau}{m^*} E \frac{w}{1+w^2} \right\rangle, \tag{6.3d}$$

$$w = \frac{eH}{m^* c} \tau$$

gilt.

79. Es ist der Ausdruck für die Thermo-EMK in Abwesenheit eines Magnetfeldes für Träger mit einem quadratischen Dispersionsgesetz herzuleiten. Weiterhin ist die Thermo-EMK eines typischen Metalles ($m_{\text{Met}} = m_0$, $n_{\text{Met}} = 2 \cdot 10^{22}$ cm^{-3}) bei Zimmertemperatur zu ermitteln und mit der Thermo-EMK eines entarteten n-Halbleiters ($m_{HL} = 0{,}2\, m_0$, $n_{HL} = 2 \cdot 10^{19}$ cm^{-3}) zu vergleichen. Dabei ist anzunehmen, daß die Streuung in beiden Fällen an geladenen Störstellen verläuft.

80. Es ist der qualitative Verlauf der Temperaturabhängigkeit der Thermo-EMK in p-Germanium für das störstellenleitende Gebiet darzustellen.

81. Unter der Voraussetzung, daß die Streuung an akustischen Gitterschwingungen verläuft, ist der Wert der Thermo-EMK für p-Germanium, das flache Akzeptoren mit einer Konzentration von $N_A = 6 \cdot 10^{15}$ cm^{-3} enthält, bei $T = 200\,°$K zu bestimmen.

82. Es ist die Lage des Energieniveaus der Donatoren in einem kompensierten n-Halbleiter zu bestimmen, wenn die Thermo-EMK bei 100 °K gleich 2,1 mV/grd ist. Dabei sei bekannt, daß $N_D = 2 \cdot 10^{15}$ cm^{-3}, $n_D \ll N_A$ und der Kompensationsgrad $\dfrac{N_A}{N_D} = 0{,}5$ ist. Die Streuung verlaufe nur an akustischen Gitterschwingungen.

---

[1]) Wir betrachten nur das Gebiet nicht zu starker Magnetfelder, wenn man die Quantisierung der Elektronenenergie im Magnetfeld vernachlässigen kann. Die Anwendungsbedingung der Formeln (6.2b), (6.3a) und (6.3d) ist $\dfrac{eH}{m^* c} \ll kT$.

83*. Im Grenzfall hoher Entartung ist der Ausdruck für die Thermo-EMK eines n-Halbleiters, dessen Dispersionsgesetz die Form (1.3f) hat, herzuleiten. Bestimme die Thermo-EMK für Indiumantimonid mit einer Elektronenkonzentration von 10^{18} cm^{-3} bei 100 °K, wobei die Streuung an geladenen Störstellen stattfinden soll. Die effektive Masse der Elektronen im Leitungsbandminimum ist gleich 0,013 m_0, die Bandlücke verändert sich mit der Temperatur nach der Beziehung $E_g = (0{,}26 - 2{,}7 \cdot 10^{-4}\,\text{grd}^{-1} \cdot T)$ eV.

84. Es ist der Ausdruck für die Thermo-EMK eines n-Halbleiters mit dem Dispersionsgesetz (1.3f) bei beliebiger Entartung herzuleiten. Dabei werde vorausgesetzt, daß die Nichtparabolizität der Bänder nicht groß ist und die Berücksichtigung der Korrekturen erster Ordnung, die infolge der Nichtparabolizität der Bänder entstehen, ausreicht.

85. Es ist der Wert der „Phononen"-Komponente der Thermo-EMK in n-Germanium bei einer Temperatur von 20 °K zu ermitteln. In der zu untersuchenden Probe wird die Elektronenbeweglichkeit im wesentlichen durch die Streuung an akustischen Schwingungen bestimmt und beträgt $4 \cdot 10^5$ cm²/Vs. Die Streuung der Phononen geht an den Wänden der Probe vor sich. Die Quermaße der Probe betragen ungefähr 1 mm, und die Schallgeschwindigkeit sei $5 \cdot 10^5$ cm/s.

86. Die gemessene Elektronenbeweglichkeit in Indiumantimonid beträgt bei 20 °K $2 \cdot 10^5$ cm²/Vs, während eine Berechnung der Beweglichkeit für den Fall, daß die Streuung nur an akustischen Schwingungen verläuft, bei dieser Temperatur einen Wert der Größenordnung von 10^8 cm²/Vs ergäbe. Unter der Annahme, daß die Streuung der Phononen an den Wänden der Probe stattfindet, ist das Verhältnis der „Phononen"-Komponenten der Thermo-EMK von n-Indiumantimonid zu n-Germanium zu ermitteln. Die Schallgeschwindigkeit in InSb betrage 10^5 cm/s. Die Quermaße der Proben seien gleich. Die Angaben über Germanium sind aus der vorhergehenden Aufgabe zu entnehmen.

87. Die Thermo-EMK-Messungen in einem p-Halbleiter im starken Magnetfeld ($w \gg 1$) bei Zimmertemperatur zeigten, daß im Bereich starker Felder die Thermo-EMK nicht vom Magnetfeld abhängt und 475 µV/grd beträgt. Auf Grund dieser Messungen ist die effektive Masse der Löcher zu bestimmen, wenn ihre Konzentration gleich $5{,}6 \cdot 10^{17}$ cm^{-3} ist. Das Dispersionsgesetz der Löcher sei quadratisch.

88. Bestimme den Ausdruck für die Thermo-EMK eines n-Halbleiters mit dem Dispersionsgesetz (1.3a) im Grenzfalle starker Magnetfelder ($w \gg 1$) bei fehlender Entartung. Weiterhin ist die Abhängigkeit der Differenz $\Delta\alpha(\infty) = \alpha|_{H\to\infty} - \alpha|_{H=0}$ vom Streuungsmechanismus zu untersuchen.

89. Für entartete Indiumantimonidproben mit einer Elektronenkonzentration von $10^{17}\,\mathrm{cm}^{-3}$ hängt bei 77 °K die Thermo-EMK im Gebiet starker Magnetfelder nicht vom Magnetfeld ab und beträgt 68 μV/grd. Unter der Annahme, daß das Dispersionsgesetz die Form (1.3f) hat, ist der Wert der effektiven Masse der Elektronen im Leitungsbandminimum zu bestimmen. Die Bandlücke ist bei 77 °K gleich 0,22 eV.

90. Die Thermo-EMK für einen entarteten n-Halbleiter im Bereich starker Magnetfelder sei konstant und betrage − 27 μV/grd. Die Messungen ohne Magnetfeld ergaben bei der gleichen Temperatur für die Thermo-EMK einen Wert von − 51 μV/grd. Es ist der Parameter r, der den Charakter der Elektronenstreuung angibt, zu bestimmen, wenn bekannt ist, daß das Leitungsband des untersuchten Materials parabolische Form hat.

91*. Für Indiumarsenid ist für die Elektronen im Leitungsband folgendes Dispersionsgesetz ermittelt worden, das bis zu Energien von etwa 0,6 eV anwendbar ist:

$$E(k) = 0{,}28 \ln\left[1 + 5{,}9 \cdot 10^{-14}\,\mathrm{cm}^2 \cdot k^2\right] \mathrm{eV}.$$

Es ist zu bestimmen, bei welcher Elektronenkonzentration die Änderung der Thermo-EMK $\Delta\alpha(\infty)$ im starken Magnetfeld verschwindet. Kann $\Delta\alpha(\infty)$ zu Null werden, wenn das Dispersionsgesetz der Elektronen die Form (1.3f) hat? Die Streuung verlaufe dabei an geladenen Störstellen.

7. Photo-EMK in Halbleitern

Bei Bestrahlung einer Halbleiterprobe kann neben dem Dember-Effekt (siehe Aufgabe 46), der durch inhomogene Verteilung der Überschußträger hervorgerufen wird, noch eine Photo-EMK infolge der Materialinhomogenitäten des Halbleiters entstehen. Der Einfachheit halber betrachten wir nur den eindimensionalen Fall, wenn sowohl die Gleichgewichtskonzentrationen n_0 und p_0 als auch die Nichtgleichgewichtskonzentrationen $n = n_0 + \Delta n$ und $p = p_0 + \Delta p$ nur von der x-Koordinate abhängen. In diesem Falle errechnet sich die Photo-EMK durch die Beziehung

$$\mathscr{E} = \oint \mathrm{d}x \frac{D_p \dfrac{\mathrm{d}p}{\mathrm{d}x} - D_n \dfrac{\mathrm{d}n}{\mathrm{d}x}}{\mu_n n + \mu_p p}, \tag{7.1}$$

wobei über den gesamten Stromkreis, einschließlich der Probe, integriert wird. Wenn die EINSTEINsche Beziehung (3.7) gilt, so ist

$$\mathscr{E} = \frac{kT}{e} \oint \mathrm{d}x \frac{\dfrac{\mathrm{d}p}{\mathrm{d}x} - b \dfrac{\mathrm{d}n}{\mathrm{d}x}}{bn + p}, \quad b = \frac{\mu_n}{\mu_p}. \tag{7.2}$$

Durch Umformung dieser Gleichung kann man einen Summanden $\mathscr{E}_1$ (die Sperrschicht-Photo-EMK), der mit den Inhomogenitäten der Probe zusammenhängt, eindeutig abtrennen:

$$\mathscr{E} = \mathscr{E}_1 + \mathscr{E}_2,$$

$$\mathscr{E}_1 = \frac{kT}{e} \oint \mathrm{d}x \frac{1 + b}{bn + p} \Delta n \frac{\mathrm{d} \ln n_0}{\mathrm{d}x}, \tag{7.3}$$

$$\mathscr{E}_2 = \frac{kT}{e} \oint \mathrm{d}x \frac{1 - b}{bn + p} \frac{\mathrm{d}\Delta n}{\mathrm{d}x}. \tag{7.4}$$

92. Bestimme die Photo-EMK in einem Halbleiter mit unipolarer Leitfähigkeit bei beliebiger Entartung.

93. Es ist die Photo-EMK in n-Germanium bei $T = 300\,°\mathrm{K}$ zu berechnen, wenn der mittlere Teil der Probe so bestrahlt wird (siehe Abb. 10), daß innerhalb dieses Abschnittes $\Delta\sigma = 0{,}2\ \Omega^{-1}\,\mathrm{cm}^{-1}$ und außerhalb $\Delta\sigma = 0$ ist. Bei fehlender Bestrahlung beträgt im Querschnitt A der spezifische Widerstand $\varrho_{0,A} = 15\ \Omega\,\mathrm{cm}$, im Querschnitt B jedoch $\varrho_{0,B} = 5\Omega\ \mathrm{cm}$.

94. Die vorhergehende Aufgabe ist analog für $\varrho_{0,A} = 10\ \Omega\,\mathrm{cm}$ und $\varrho_{0,B} = 8\ \Omega\,\mathrm{cm}$ bei zwei Werten von $\Delta\sigma$ zu lösen: $\Delta\sigma_1 = 0{,}01\ \Omega^{-1}\mathrm{cm}^{-1}$ und $\Delta\sigma_2 = 2\ \Omega^{-1}\mathrm{cm}^{-1}$.

95*. Eine n-Ge-Probe wird in einer Breite von $\Delta l = 0{,}1$ mm (siehe Abb. 11) mit Licht bestrahlt, das $2{,}5 \cdot 10^{15}$ cm^{-3}s^{-1} Ladungsträgerpaare erzeugt. Im Punkt $x = 0$ ist $\varrho(0) = 1\,\Omega$ cm. Bei Ver-

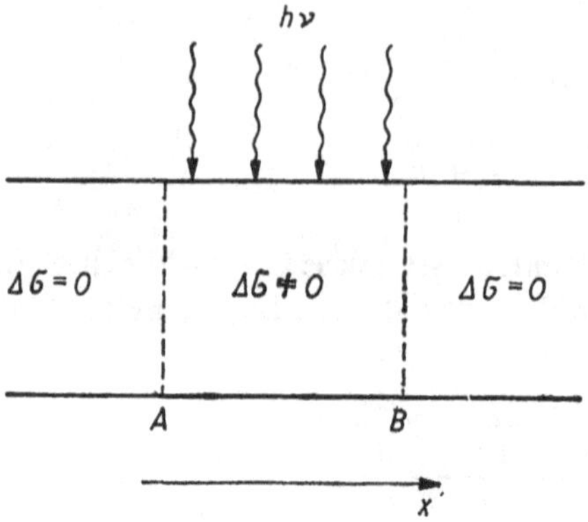

Abb. 10

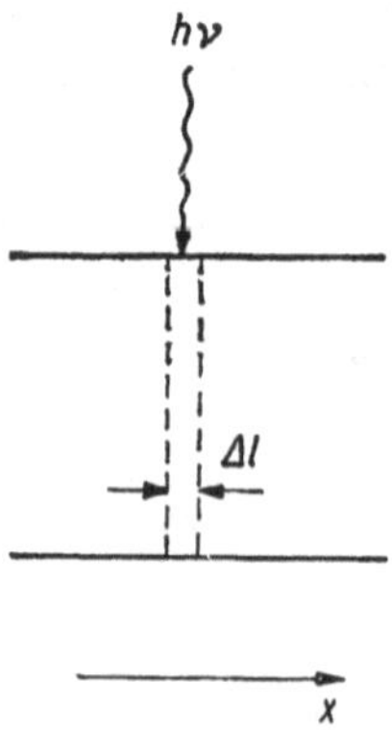

Abb. 11

schiebung der Lichtsonde entlang der Probe ändert sich die Photo-EMK nach der Beziehung

$$\mathcal{E}(x) = -\frac{A}{1 + Bx},$$

wobei $A = 3 \cdot 10^{-4}$ V und $B = 2$ cm^{-1} ist. Bestimme für Zimmertemperatur ϱ im Punkt $x = 2$ cm.

96. Im Fall homogener Anregung ist die Sperrschicht-Photo-EMK

zu berechnen, die an einem p-n-Übergang in Germanium bei 75 °K entsteht. Der unmittelbar an das p-Gebiet angrenzende Abschnitt des n-Gebietes (siehe Abb. 12) wird bestrahlt. Innerhalb dieses Abschnittes sei $\Delta n = 10^{10}$ cm^{-3} und außerhalb $\Delta n = 0$. Im Inneren des n-Gebietes sei $n_0 = n_n = 10^{15}$ cm^{-3}, im p-Gebiet $p_p = 10^{14}$ cm^{-3}. Außerdem sei $\mu_n = 3 \cdot 10^4$ cm^2/Vs und $b = 0{,}5$.

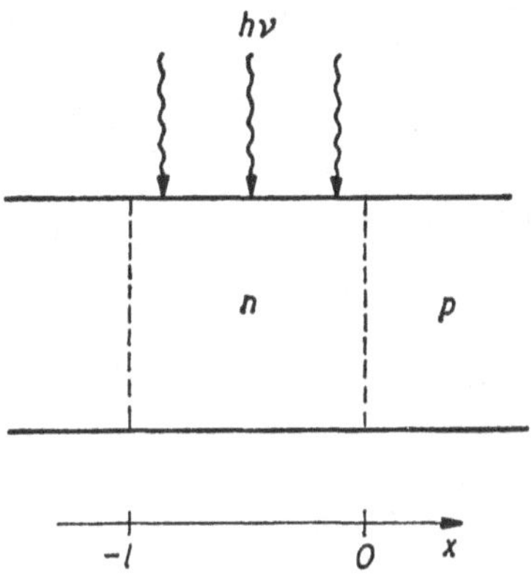

Abb. 12

97. Bestimme die Potentialdifferenz $\Delta\varphi$ zwischen den Flächen einer n-Probe der Dicke $d = 1$ cm, wenn durch Bestrahlung der Fläche $x = 0$ Nichtgleichgewichtsträger mit folgendem Konzentrationsverlauf erzeugt werden:

$$\Delta n(x) = \Delta p(x) = N \exp(-x/L),$$

$$0 \leqq x \leqq d,$$

wobei $N = 10^{13}$ cm^{-3} und $L = 0{,}01$ cm ist. Die Gleichgewichtskonzentration der Elektronen verändert sich linear von $n_0 = 5 \cdot 10^{14}$ cm^{-3} bei $x = 0$ bis $4 \cdot 10^{14}$ cm^{-3} bei $x = d$. Die Temperatur sei 200 °K und $b = 2{,}1$.

98. Es ist die Aufgabe 93 unter Berücksichtigung des Anhaftens der Träger zu lösen. Dabei sei $\frac{\tau_p}{\tau_n} = 10$.

Lösungen

1. Auf Grund der Neutralitätsbedingung $n = p$ gilt bei Nichtentartung

$$2\left(\frac{m_n kT}{2\pi\hbar^2}\right)^{3/2} e^{\frac{F-E_c}{kT}} = 2\left(\frac{m_p kT}{2\pi\hbar^2}\right)^{3/2} e^{\frac{E_v-F}{kT}}.$$

Hieraus ergibt sich

$$e^{\frac{2F-(E_c-E_v)}{kT}} = \left(\frac{m_p}{m_n}\right)^{3/2}$$

und somit ist

$$F = \frac{E_c + E_v}{2} + \frac{3}{4} kT \ln\frac{m_p}{m_n}.$$

Die Elektronenkonzentration ist gleich

$$n_i = \sqrt{np} = 2\left(\frac{(m_n m_p)^{1/2} kT}{2\pi\hbar^2}\right)^{3/2} \cdot e^{\frac{E_v-E_c}{2kT}}.$$

Das Konzentrationsverhältnis für 300 °K und 200 °K ist somit

$$\frac{n_{300}}{n_{200}} = \left(\frac{300}{200}\right)^{3/2} \exp\left[-\frac{\Delta}{2k}\left(\frac{1}{300°} - \frac{1}{200°}\right)\right] = 3{,}6 \cdot 10^3.$$

2. Unter Berücksichtigung der Temperaturabhängigkeit der Bandlücke gilt für die Konzentration in einem Eigenhalbleiter

$$n = 2\left(\frac{\sqrt{m_n m_p} kT}{2\pi\hbar^2}\right)^{3/2} e^{\frac{\xi}{2k}} e^{-\frac{\Delta}{2kT}},$$

wobei $E_g = \Delta - \zeta T$ ist. Daraus ergibt sich

$$2\left(\frac{\sqrt{m_n m_p}\, k}{2\pi\hbar^2}\right)^{3/2} e^{\frac{\xi}{2k}} = \frac{n}{T^{3/2}} e^{\frac{\Delta}{2kT}}$$

und folglich ist

$$\frac{m_n m_p}{m_0^2} = \frac{(2\pi\hbar^2)^2}{2^{4/3}(kT)^2 m_0^2} n^{4/3} e^{\frac{2\Delta}{3kT} - \frac{2\xi}{3k}} = 0{,}21.$$

3. Das Konzentrationsverhältnis für die Temperaturen T_1 und T_2 ist (s. Aufgabe 1)

$$\frac{n_1}{n_2} = \left(\frac{T_1}{T_2}\right)^{3/2} e^{-\frac{\Delta}{2k}\left(\frac{1}{T_1} - \frac{1}{T_2}\right)}$$

$(E_g = \Delta - \zeta T)$. Daraus folgt

$$\Delta = 2k \frac{T_1 T_2}{T_1 - T_2} \ln \frac{n_1 T_2^{3/2}}{n_2 T_1^{3/2}}.$$

Somit ist unter unseren Bedingungen

$$\Delta = 0{,}26\ \text{eV}.$$

4. Für die Elektronenkonzentration gilt

$$n = \frac{2Q}{(2\pi)^3} \int \mathrm{d}\boldsymbol{k} \left\{1 + \exp\left[\beta\left(E_c - F + \frac{\hbar^2 k_x^2}{2m_t} + \frac{\hbar^2 k_y^2}{2m_t} + \frac{\hbar^2 k_z^2}{2m_l}\right)\right]\right\}^{-1} = \frac{2Q}{(2\pi)^3} \frac{1}{\hbar^3} (8m_t^2 m_l)^{1/2} (kT)^{3/2} \int\limits_{-\infty}^{+\infty} \mathrm{d}x\, \mathrm{d}y\, \mathrm{d}z$$

$$\times \{1 + \exp[\beta(E_c - F + x^2 + y^2 + z^2)]\}^{-1}$$

$$= \frac{4\pi Q}{(2\pi\hbar)^3} \frac{\sqrt{\pi}}{2} F_{1/2}[\beta(F - E_c)]\, (8m_t^2 m_l)^{1/2} (kT)^{3/2}$$

$$= 2\left(\frac{m_d kT}{2\pi\hbar^2}\right)^{3/2} F_{1/2}[\beta(F - E_c)].$$

Hierbei ist Q die Zahl der äquivalenten Minima des Leitungsbandes und $\beta = \frac{1}{kT}$. Das Resultat der Integration über $\boldsymbol{k}$ hängt nicht von der Wahl der Integrationsgrenzen ab, wenn sie außerhalb des Gebietes besetzter Zustände liegen. Das trifft für die Mehrheit der praktisch interessierenden Fälle zu. Aus diesem Grund ist es erlaubt, über $\boldsymbol{k}$ mit unendlichen Grenzen zu integrieren. Somit ergibt sich für die effektive Masse der Zustandsdichte die Beziehung

$$m_d = Q^{2/3}(m_t^2 m_l)^{1/3}.$$

Für Ge ist also

$$m_d = 0{,}56\, m_0$$

und für Si

$$m_d = 1{,}08\, m_0.$$

5. Wir entwickeln das Dispersionsgesetz (1.3e) nach δ und beschränken uns auf die linearen Glieder:

$$E_p(\boldsymbol{k}) = E_v - \frac{\hbar^2 k^2}{2m_\pm}\left[1 \pm \frac{3\,\delta B'}{A \pm B'}\,\psi(\theta,\varphi)\right].$$

Hierbei ist $m_\pm = m_0(A \pm B)^{-1}$, $\psi(\theta,\varphi) = \sin^4\theta\cos^2\varphi\sin^2\varphi + \sin^2\theta \times \cos^2\theta - 1/6$; θ und φ sind die Winkel der Kugelkoordinaten des Vektors $\boldsymbol{k}$. Die Löcherkonzentration ist in dieser Näherung gleich

$$\begin{aligned} p_{1,2} &= \frac{2}{(2\pi)^3}\int\limits_0^\infty \mathrm{d}k\cdot k^2 \int\limits_0^{2\pi}\mathrm{d}\varphi\int\limits_0^{\pi}\mathrm{d}\theta\cdot\sin\theta \\ &\quad\times\left\{1+\exp\left[\frac{\hbar^2k^2}{2m_\pm kT}\left(1\pm\frac{3\,\delta B'}{A\pm B'}\psi(\theta,\varphi)-\eta\right)\right]\right\}^{-1} \\ &= \frac{1}{\pi^2}\int\limits_0^\infty \mathrm{d}k\cdot k^2\left\{\left[1+\exp\left(\frac{\hbar^2k^2}{2m_\pm kT}-\eta\right)\right]^{-1}\right. \\ &\quad\pm\frac{3\,\delta B' k^2}{A\pm B'}\frac{\partial}{\partial k^2}\left[1+\exp\left(\frac{\hbar^2k^2}{2m_\pm kT}-\eta\right)\right]^{-1} \\ &\quad\left.\times\frac{1}{4\pi}\int\limits_0^{2\pi}\mathrm{d}\varphi\int\limits_0^{\pi}\mathrm{d}\theta\,\sin\theta\,\psi(\theta,\varphi)\right\} = N_{v_{1,2}}F_{1/2}(\eta), \end{aligned}$$

wobei der Index „1" sich auf das Band der „leichten" Löcher und „2" auf das der „schweren" Löcher bezieht. Für die effektive Zustandsdichte gilt

$$N_{v_{1,2}} = 2\left(\frac{m_{1,2}kT}{2\pi\hbar^2}\right)^{3/2},$$

und die effektive Masse der Zustandsdichte ist

$$m_{1,2} = m_\pm\left[1 \mp \frac{\delta B'}{10(A \pm B')}\right].$$

Hieraus erhalten wir für die gesuchten effektiven Massen $m_1 = 0{,}043\, m_0$, $m_2 = 0{,}32\, m_0$. Genauere Berechnungen unter Berücksichtigung der Glieder höherer Ordnung ergeben einen etwas größeren Wert für die effektive Masse der „schweren" Löcher, $m_2 = 0{,}36\, m_0$. Die effektive Gesamtmasse der Zustandsdichte des Valenzbandes beträgt für Germanium somit

$$m_p = (m_1^{3/2} + m_2^{3/2})^{2/3} = (0{,}043^{3/2} + 0{,}36^{3/2})^{2/3} m_0 = 0{,}37\, m_0.$$

6. Der Anteil der „leichten" Löcher an der Gesamtkonzentration der Löcher ist

$$\frac{p_1}{p} = \frac{N_{v_1}}{N_{v_1} + N_{v_2}} = \left(\frac{m_1}{m_p}\right)^{3/2} = 0{,}04.$$

Somit machen die „leichten" Löcher nur ungefähr 4% aller freien Löcher aus.

7. Aus der Neutralitätsbedingung erhalten wir

$$N_c F_{1/2}(\eta) = N_v e^{\frac{E_v - F}{kT}},$$

da man das Löchergas im Valenzband wegen des großen Wertes der effektiven Masse als nichtentartet betrachten kann. Wenn man annimmt, daß $\frac{F - E_c}{kT} < 1{,}3$ ist, und die Formel Anhang 1 (A. 4) benutzt, so ergibt sich

$$F_{1/2}(\eta) = \left(\frac{t}{1 + 0{,}27t}\right),$$

wobei $t = e^{\eta}$ ist. Somit erhalten wir für t folgende Gleichung:

$$t^2 - 0{,}27\,At - A = 0, \qquad A = \left(\frac{m_p}{m_n}\right)^{3/2} e^{-\frac{E_g}{kT}}.$$

Die Lösung dieser Gleichung ist

$$t = 0{,}135\,A + \sqrt{0{,}018\,A^2 + A}\,.$$

Bei Nichtentartung ergäbe sich als Resultat

$$t_{\text{nichtent}} = \sqrt{A}\,.$$

Für das Verhältnis $\dfrac{F - E_c}{(F - E_c)_{\text{nichtent}}}$ ergibt sich

$$\frac{F - E_c}{(F - E_c)_{\text{nichtent}}} = \frac{\ln\left(0{,}135\,A + \sqrt{0{,}0182\,A^2 + A}\right)}{\ln\sqrt{A}}.$$

Die Elektronenkonzentration, die gleich der Löcherkonzentration sein soll, wird durch die Beziehung

$$n = p = N_v e^{-\frac{E_g}{kT} - \frac{F - E_c}{kT}}$$

bestimmt. Bei 600 °K ist $E_g = 9{,}8 \cdot 10^{-2}$ eV; $A = 4{,}74$; $t = 2{,}91$; $t_{\text{nichtent}} = 2{,}18$;

$$\frac{F - E_c}{(F - E_c)_{\text{nichtent}}} = 1{,}37; \qquad \frac{n}{n_{\text{nichtent}}} = \frac{t_{\text{nichtent}}}{t} = 0{,}75.$$

Hieraus erhalten wir

$$n = \frac{N_v}{t} e^{-\frac{E_g}{kT}} = 3{,}3 \cdot 10^{17}\ \text{cm}^{-3}.$$

8. Für den spezifischen Widerstand eines Eigenhalbleiters gilt die Beziehung

$$\varrho = [e(n\mu_n + p\mu_p)]^{-1} = (ne\mu_n)^{-1}\frac{b}{1+b}$$

$$= \frac{b}{2(1+b)\,e\mu_n}\left(\frac{2\pi\hbar^2}{\sqrt{m_n m_p}\,kT}\right)^{3/2}\exp\left(\frac{E_g}{2kT}\right).$$

Für 300°K ergibt sich $E_g = 0{,}665$ eV, bei 30°K $E_g = 0{,}773$ eV, und dementsprechend ist

$$\varrho_{300} = 57\ \Omega\,\text{cm},$$

$$\varrho_{30} = 1{,}2\cdot 10^{61}\ \Omega\,\text{cm}.$$

Den letzten Wert darf man selbstverständlich nicht ernst nehmen, denn bei solchen Bedingungen spielen Störstellen und möglicherweise auch andere Strukturdefekte eine Rolle. Jedoch zeigt die durchgeführte Berechnung, wie stark die Temperatur den Widerstand eines Eigenhalbleiters beeinflußt.

9. Die Gesamtelektronenkonzentration ist gleich der Summe der Konzentrationen in den einzelnen Bändern

$$n = n_{\text{I}} + n_{\text{II}} = \frac{2}{(2\pi)^3}\int_0^\infty \mathrm{d}\boldsymbol{k}\, f\big(E_{\text{I}}(\boldsymbol{k})\big) + \frac{2}{(2\pi)^3}\int_0^\infty \mathrm{d}\boldsymbol{k}\, f\big(E_{\text{II}}(\boldsymbol{k})\big),$$

wobei $E_{\text{I}}(\boldsymbol{k}) = \frac{\hbar^2 k^2}{2m_{\text{I}}}$ und $E_{\text{II}}(\boldsymbol{k}) = E_s + \frac{\hbar^2 k^2}{2m_{\text{II}}}$ ist. Als Koordinatenursprung der Energie haben wir die Kante des Bandes I gewählt. Hieraus finden wir die Beziehung

$$n = N_{\text{I}} F_{1/2}(\eta) + N_{\text{II}} F_{1/2}\left(\eta - \frac{E_s}{kT}\right),$$

wobei N_{I} und N_{II} die effektiven Zustandsdichten in den Bändern I und II sind. Im Falle der Nichtentartung gilt

$$\eta = \ln\frac{n}{N_{\text{I}} + N_{\text{II}}\, e^{-\frac{E_s}{kT}}}.$$

Im Grenzfall starker Entartung ist die Konzentration durch

$$n = \frac{1}{3\pi^2}\left(\frac{2m_{\mathrm{I}}}{\hbar^2}\right)^{3/2} F^{3/2}\left[1 + \left(\frac{m_{\mathrm{II}}}{m_{\mathrm{I}}}\right)^{3/2}\left(1 - \frac{E_s}{F}\right)^{3/2}\theta(F - E_s)\right],$$

$$\theta(x) = \begin{cases} 1, & x > 0, \\ 0, & x < 0 \end{cases}$$

gegeben. Die ungefähre Abhängigkeit des FERMI-Niveaus von der Konzentration im Falle starker Entartung ist in Abb. 13 dargestellt.

10. Für die Zahl der Elektronen im oberen Minimum gilt

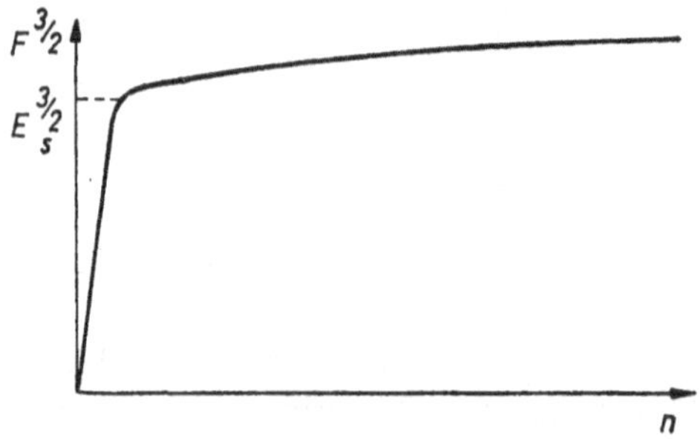

Abb. 13

$$n_{\mathrm{II}} = \frac{2}{(2\pi)^3}\int_{E_s}^{\infty} \mathrm{d}\boldsymbol{k}\, f\left(E_{\mathrm{II}}(\boldsymbol{k})\right) = N_{\mathrm{II}} e^{\eta} e^{-\frac{E_s}{kT}} = n \frac{\zeta e^{-\frac{E_s}{kT}}}{1 + \zeta e^{-\frac{E_s}{kT}}},$$

wobei $\zeta = \frac{N_{\mathrm{II}}}{N_{\mathrm{I}}} = \left(\frac{m_{\mathrm{II}}}{m_{\mathrm{I}}}\right)^{3/2} = 58$ ist. Für das gesuchte Verhältnis ergibt sich somit

$$\frac{n_{\mathrm{II}}}{n_{\mathrm{I}}} = \frac{n_{\mathrm{II}}}{n - n_{\mathrm{II}}} = \zeta e^{-\frac{E_s}{kT}}.$$

Nach Einsetzen der Zahlenwerte für die entsprechenden Parameter erhalten wir

$$\frac{n_{\mathrm{II}}(300\,^\circ\mathrm{K})}{n_{\mathrm{I}}(300\,^\circ\mathrm{K})} = 0{,}8 \cdot 10^{-4}, \qquad \frac{n_{\mathrm{II}}(1000\,^\circ\mathrm{K})}{n_{\mathrm{I}}(1000\,^\circ\mathrm{K})} \cong 1.$$

11. Die Leitfähigkeit ist durch folgende Beziehung gegeben:

$$|\sigma| = en_{\mathrm{I}}\mu_{\mathrm{I}} + en_{\mathrm{II}}\mu_{\mathrm{II}} = en_{\mathrm{I}}\mu_{\mathrm{I}}\left(1 + \frac{n_{\mathrm{II}}}{n_{\mathrm{I}}}\frac{\mu_{\mathrm{II}}}{\mu_{\mathrm{I}}}\right)$$

$$= en\mu_{\mathrm{I}}\,\frac{1 + \zeta e^{-\frac{E_s}{kT}}\frac{\mu_{\mathrm{II}}}{\mu_{\mathrm{I}}}}{1 + \zeta e^{-\frac{E_s}{kT}}}.$$

Bei tiefen Temperaturen ($kT \ll E_s$) ist $\sigma \approx \sigma_0 = en\mu_{\mathrm{I}}$, bei hohen Temperaturen ($kT \gg E_s$) hingegen ergibt sich $\sigma \approx \sigma_\infty = en\,\frac{\mu_{\mathrm{I}} + \zeta\mu_{\mathrm{II}}}{1 + \zeta}$. Der ungefähre Verlauf der Leitfähigkeit ist in Abb. 14 dargestellt. Das gesuchte Verhältnis ist

$$\frac{\sigma(1000\ ^\circ\mathrm{K})}{\sigma(300\ ^\circ\mathrm{K})} \cong 0{,}5.$$

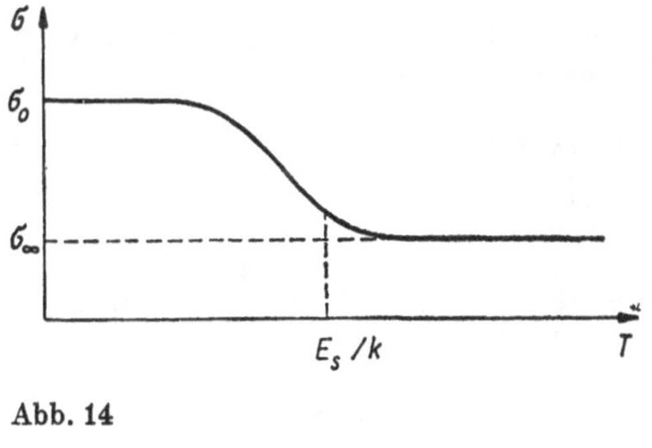

Abb. 14

12. Der Ausdruck für die Elektronenkonzentration läßt sich wie folgt umformen:

$$n = \frac{2}{(2\pi)^3}\int \mathrm{d}\boldsymbol{k}\cdot f(E) = \frac{1}{\pi^2}\int_0^\infty k^2\,\mathrm{d}k\cdot f(E)$$

$$= \int_0^\infty \mathrm{d}E\cdot\varrho(E)\cdot f(E),$$

wobei $\varrho(E) = \frac{k^2}{\pi^2}\frac{\mathrm{d}k}{\mathrm{d}E}$ die spektrale Zustandsdichte ist. Wenn wir als Koordinatenursprung die Leitungsbandkante wählen und k^2 durch E ausdrücken, so erhalten wir

$$k^2 = \frac{1}{2\gamma}\left(1 - \sqrt{1 - \frac{8m\gamma E}{\hbar^2}}\right) \approx \frac{2mE}{\hbar^2}\left(1 + \frac{2m\gamma E}{\hbar^2}\right),$$

und somit ist

$$\varrho(E) = \frac{1}{2\pi^2}\left(\frac{2m}{\hbar^2}\right)^{3/2} E^{1/2}\left(1 + \frac{5m\gamma E}{\hbar^2}\right).$$

Für die Elektronenkonzentration ergibt sich demnach (vgl. Anhang 1)

$$n = N_c\left[F_{1/2}(\eta) + \frac{15}{2}\frac{m\gamma kT}{\hbar^2}F_{3/2}(\eta)\right].$$

13. Wenn wir als Koordinatenursprung der Energie die Leitungsbandkante wählen, so erhalten wir

$$\varrho(E) = \frac{k^2(E)}{\pi^2}\frac{\mathrm{d}k(E)}{\mathrm{d}E}$$

$$= \frac{1}{2\pi^2}\left(\frac{2m(0)}{\hbar^2}\right)^{3/2} E^{1/2}\left(1 + \frac{E}{E_g}\right)^{1/2}\left(1 + 2\frac{E}{E_g}\right).$$

Im entarteten Falle ist die Elektronenkonzentration

$$n = \int_0^\infty \mathrm{d}E\,\varrho(E)\cdot f(E) = \frac{1}{3\pi^2}\left(\frac{2m(0)}{\hbar^2}\right)^{3/2} F^{3/2}\left(1 + \frac{F}{E_g}\right)^{3/2}.$$

14. Unter Benutzung des Resultates der vorhergehenden Aufgabe finden wir

$$m_d = m(0)\left(1 + \frac{F}{E_g}\right).$$

Wenn wir F durch die Konzentration ausdrücken, ergibt sich folgende Formel für m_d:

$$m_d = \frac{m(0)}{2}\left[1 + \sqrt{1 + \frac{2\hbar^2}{m(0)E_g}(3\pi^2 n)^{2/3}}\right].$$

Die effektive Masse m^* für das Dispersionsgesetz (1.3g) ist

$$m^* = \hbar^2 k \left.\frac{\mathrm{d}k}{\mathrm{d}E}\right|_{E=F} = m(0)\left(1 + 2\frac{F}{E_g}\right)$$

$$= m(0)\sqrt{1 + \frac{2\hbar^2}{m(0)\,E_g}(3\pi^2 n)^{2/3}}.$$

Die beiden Massen sind durch die Beziehung

$$m_d = \frac{m(0) + m^*}{2}$$

verknüpft. Für das quadratische Dispersionsgesetz gilt $m_d = m^* = m(0)$.

15. Aus der Neutralitätsbedingung $n = N_D^+ + p$ ergibt sich bei $p \ll n$

$$N_c e^\eta = \frac{N_D}{1 + g_D e^\eta e^{\frac{E_c - E_D}{kT}}}.$$

Die Lösung dieser bezüglich e^η quadratischen Gleichung lautet

$$e^\eta = \frac{1}{2g_D} e^{-\frac{E_c - E_D}{kT}}\left(\sqrt{1 + 4\frac{N_D}{N_c} g_D e^{\frac{E_c - E_D}{kT}}} - 1\right),$$

woraus

$$F = E_D + kT \ln\left\{\frac{1}{2g_D}\left[\sqrt{1 + 4g_D\frac{N_D}{N_c}\, e^{\frac{E_c - E_D}{kT}}} - 1\right]\right\}$$

folgt. Bei $T \to 0$ ist $N_c \ll N_D \exp\left(\frac{E_c - E_D}{k\,T}\right)$, und es gilt

$$F = \frac{E_c + E_D}{2} + \frac{kT}{2} \ln \frac{N_D}{g_D N_c(T)}.$$

Bei höheren Temperaturen, d. h., wenn $N_c \gg N_D \exp\left(\frac{E_c - E_D}{kT}\right)$ gilt, erhalten wir

$$F = E_c - kT \ln \frac{N_c}{N_D}.$$

Somit steigt anfangs bei Erhöhung der Temperatur das Fermi-Niveau vom Wert $\frac{E_c + E_D}{2}$ aus an. Nachdem es einen Maximalwert durchlaufen hat, nimmt es, solange die Löcherkonzentration vernachlässigbar klein bleibt, fast linear mit der Temperatur ab. Der ungefähre Verlauf des Fermi-Niveaus ist in Abb. 15 dargestellt.

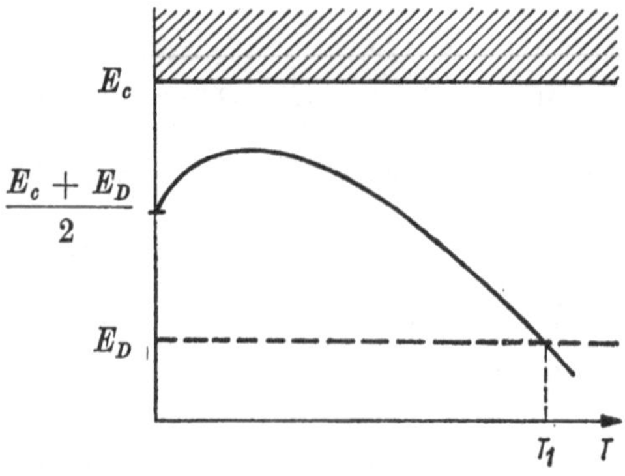

Abb. 15

16. Aus der Lösung der vorhergehenden Aufgabe ist ersichtlich, daß das Fermi-Niveau und das Donatorniveau zusammenfallen, wenn

$$\frac{1}{2g_D}\left(\sqrt{1 + \frac{4g_D N_D}{N_c(T_1)}\, e^{\frac{E_c - E_D}{kT}}} - 1\right) = 1$$

ist (s. Abb. 15). Die Temperatur, bei der die Niveaus zusammenfallen, wird demzufolge durch die Beziehung

$$kT_1 = \frac{E_c - E_D}{\ln\left\{\frac{N_c(T_1)}{4g_D N_D}\left[(2g_D + 1)^2 - 1\right]\right\}}$$

gegeben. Wenn $kT_0 = E_c - E_D$ und $y = \frac{T_0}{T_1}$ gesetzt wird, erhalten wir die Beziehung

$$y = \ln\frac{N_c(T_0)}{N_D} + \ln\frac{(2g_D + 1)^2 - 1}{4g_D} - \frac{3}{2}\ln y .$$

In dem hier betrachteten Fall ist

$$T_0 = 116\,^\circ\mathrm{K}, \qquad N_c(T_0) = 2{,}5 \cdot 10^{18}\ \mathrm{cm}^{-3}.$$

Somit wird aus der oberen Gleichung

$$y = 6{,}62 - 1{,}5 \ln y .$$

Ihre Lösung ist $y = 4{,}4$, und die gesuchte Temperatur beträgt folglich $T_1 = 26{,}2\,^\circ$K. Für die Elektronenkonzentration ergibt sich bei dieser Temperatur

$$n = \frac{N_c(T_0)}{y^{3/2}}\, e^{-y} = 3{,}3 \cdot 10^{15}.$$

17. Aus der Neutralitätsbedingung $n = N_D^+$ erhalten wir für die Elektronenkonzentration die Gleichung

$$n^2 + \frac{n\,n_D}{g_D} - \frac{n_D N_D}{g_D} = 0, \qquad n_D = N_c e^{\frac{E_D - E_c}{kT}},$$

woraus als Lösung

$$n = \frac{1}{2g_D}\left(\sqrt{n_D^2 + 4g_D\, n_D N_D} - n_D\right)$$

folgt.

Bei tiefen Temperaturen, wenn $n_D \ll 4 g_D N_D$ ist, ergibt sich

$$n = \sqrt{\frac{n_D N_D}{g_D}} = \sqrt{\frac{N_D N_c}{g_D}}\, e^{\frac{E_D - E_c}{kT}}.$$

Wenn jedoch $n_D \gg 4 g_D N_D$ ist, wird $n = N_D$. Bei 300 °K ist für Ge

$$n_D(300\ °\mathrm{K}) = 0{,}7 \cdot 10^{19}\ \mathrm{cm}^{-3}, \quad 4 g_D N_D = 1{,}6 \cdot 10^{16}\ \mathrm{cm}^{-3}.$$

Somit gilt $n_D \gg 4 g_D N_D$, und es ist

$$n = N_D = 2 \cdot 10^{15}\ \mathrm{cm}^{-3}.$$

18. Die untere Temperaturgrenze wird durch die Ungleichung

$$n_D \gg 4 g_D N_D, \qquad n_D = N_c e^{\frac{E_D - E_c}{kT}}$$

bestimmt und aus der Bedingung

$$N_c(T_1)\, e^{\frac{E_D - E_c}{kT_1}} = 4\, g_D N_D$$

hergeleitet. Somit ist

$$T_1 = \frac{E_c - E_D}{k \ln \frac{N_c(T_1)}{4\, g_D\, N_D}}.$$

Die obere Temperaturgrenze ergibt sich aus der Forderung, daß die Eigenkonzentration im Vergleich zu den Störstellenkonzentrationen klein sind, d. h.

$$n_i \ll n.$$

Deshalb finden wir die obere Grenze aus der Gleichung

$$N_D = N_c e^{-\frac{E_c - E_v}{2kT_2}}, \qquad E_c - E_v = \Delta - \xi T.$$

Damit gilt

$$T_2 = \frac{\Delta}{2k\left[\ln \frac{N_c(T_2)}{N_D} + \frac{\xi}{2k}\right]}.$$

Wenn wir die Bezeichnungen

$$T_0' = \frac{E_c - E_D}{k}, \quad T_0'' = \frac{\Delta}{2k},$$

$$y_1 = \frac{T_0'}{T_1}, \qquad y_2 = \frac{T_0''}{T_2}$$

einführen, erhalten wir für die Bestimmung der Grenzen zwei Gleichungen:

$$y_1 = \ln \frac{N_c(T_0')}{4g_D N_D} - \frac{3}{2} y_1,$$

$$y_2 = \ln \frac{N_c(T_0'')}{N_D} - \frac{3}{2} y_2 + \frac{\xi}{2k}.$$

Für Ge haben diese Gleichungen folgendes Aussehen:

$$y_1 = 5{,}06 - 1{,}5 \ln y_1, \quad y_2 = 14{,}95 - 1{,}5 \ln y_2,$$

da

$$T_0' = 116\,°\mathrm{K}, \qquad T_0'' = 4{,}5 \cdot 10^3\,°\mathrm{K},^{1)}$$

$$N_c(T_0') = 1{,}5 \cdot 10^{18}\ \mathrm{cm}^{-3}, \qquad N_c(T_0'') = 6{,}2 \cdot 10^{20}\ \mathrm{cm}^{-3}$$

ist. Ihre Lösungen sind:

$$y_1 = 3{,}3, \qquad y_2 = 11{,}3,$$

$$T_1 = 35\,°\mathrm{K}, \qquad T_2 = 400\,°\mathrm{K}.$$

---

[1]) Selbstverständlich hat diese Temperatur nur rein formale Bedeutung.

19. Analog zur vorhergehenden Aufgabe haben wir für InSb

$$\Delta = 0{,}26\,\text{eV}, \qquad \xi = 2{,}7 \cdot 10^{-4}\,\text{eV/grd},$$

$$T_0' = 11{,}6\,^\circ\text{K}, \qquad T_0'' = 1510\,^\circ\text{K},$$

$$N_c(T_0') = 3{,}5 \cdot 10^{14}\,\text{cm}^{-3}, \qquad N_c(T_0'') = 5{,}2 \cdot 10^{17}\,\text{cm}^{-3}.$$

Daraus erhalten wir die Gleichungen

$$y_1 = -3{,}82 - 1{,}5 \ln y_1, \qquad y_2 = 7{,}13 - 1{,}5 \ln y_2,$$

aus denen sich folgende Endresultate ergeben:

$$y_1 = 0{,}078, \qquad y_2 = 4{,}78,$$

$$T_1 = 149\,^\circ\text{K}, \qquad T_2 = 316\,^\circ\text{K}.$$

20. In die Neutralitätsbedingung

$$N_c F_{1/2}(\eta) = \frac{N_D}{1 + g_D e^{\frac{F-E_D}{kT}}}, \qquad \eta = \frac{F - E_c}{kT},$$

setzen wir für das Fermi-Integral den angenäherten Ausdruck [s. Anhang 1 (A. 4)]

$$F_{1/2}(\eta) \simeq \frac{e^\eta}{1 + 0{,}27 e^\eta}$$

ein. Dadurch ergibt sich die Gleichung

$$e^{2\eta} + \frac{1}{g_D}\left(1 - 0{,}27\,\frac{N_D}{N_c}\right) e^{-\frac{E_c - E_D}{kT}} e^\eta - \frac{N_D}{g_D N_c}\, e^{-\frac{E_c - E_D}{kT}} = 0$$

mit der Lösung

$$e^\eta = e^{-\frac{E_c - E_D}{kT}} \left[\sqrt{\frac{1}{4 g_D^2}\left(1 - 0{,}27\,\frac{N_D}{N_c}\right)^2 + \frac{N_D}{g_D N_c}\, e^{\frac{E_c - E_D}{kT}}} - \frac{1}{2 g_D}\left(1 - 0{,}27\,\frac{N_D}{N_c}\right)\right].$$

Somit ist

$$F - E_D = kT \ln\left[\sqrt{\frac{1}{4g_D^2}\left(1 - 0{,}27\frac{N_D}{N_c}\right)^2 + \frac{N_D}{g_D N_c}\, e^{\frac{E_c - E_D}{kT}}} - \frac{1}{2g_D}\left(1 - 0{,}27\frac{N_D}{N_c}\right)\right].$$

Wenn $T \to 0$ geht, gilt die Ungleichung

$$\frac{(0{,}27)^2}{4g_D}\,\frac{N_D}{N_c} \ll e^{\frac{E_c - E_D}{kT}},$$

und deshalb ist

$$F = \frac{E_c + E_D}{2} + \frac{kT}{2}\ln\frac{N_D}{g_D N_c}.$$

Wenn die Konzentration hinreichend hoch ist, kann sich das FERMI-Niveau innerhalb eines bestimmten Temperaturintervalles im Leitungsband befinden. Die Bedingung

$$y = \sqrt{\frac{1}{4g_D^2}\left[1 - 0{,}27\,\frac{N_D}{N_c(T_0)}\,(\ln y)^{3/2}\right]^2 + \frac{N_D y}{g_D N_c(T_0)}\,(\ln y)^{3/2}} - \frac{1}{2g_D}\left[1 - 0{,}27\,\frac{N_D}{N_c(T_0)}\,(\ln y)^{3/2}\right] \tag{1}$$

bestimmt die Temperatur, bei der das FERMI-Niveau mit dem Leitungsbandminimum zusammenfällt. Im Ausdruck (1) wurden folgende Bezeichnungen eingeführt:

$$y = e^{\frac{E_c - E_D}{kT}}, \quad T_0 = \frac{E_c - E_D}{k}.$$

Bei geringen Donatorenkonzentrationen hat die Gleichung (1) im allgemeinen keine Lösungen, und in diesem Fall tritt das FERMI-Niveau nicht in das Leitungsband ein. In der Form

$$y = -\frac{1}{g_D} + \lambda\,(\ln y)^{3/2} \tag{2}$$

läßt sich die Gleichung (1) bequemer untersuchen. Dabei ist $\lambda\left(\lambda = 1{,}27\,\dfrac{N_D}{g_D N_c(T_0)}\right)$ ein der Donatorenkonzentration proportionaler Parameter. Der ungefähre Verlauf der Kurven, die durch den linken und rechten Teil der Gleichung (2) bei verschiedenen Werten des Parameters λ bestimmt werden, ist in Abb. 16 dargestellt; dabei ist $f_1(y) = y$ und $f_2(y) = \lambda(\ln y)^{3/2}$. Aus der Abbildung ist ersichtlich, daß bei Störstellenkonzentrationen, die geringer als eine kritische Konzentration $N_D^{\text{kr.}}$ sind, das Fermi-Niveau bei beliebigen Tempera-

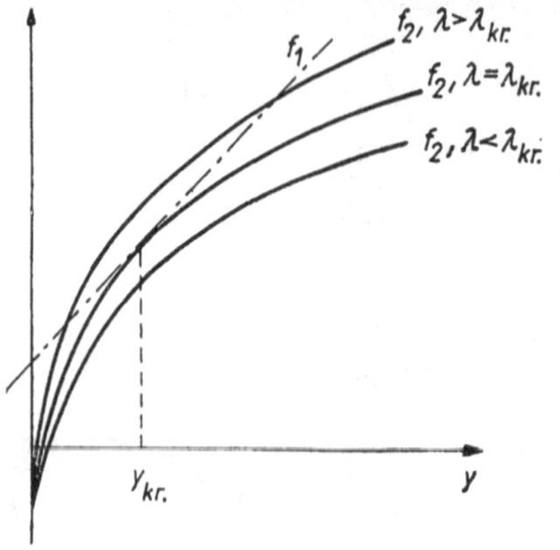

Abb. 16

turen nicht in das Leitungsband eintritt. Bei Konzentrationen, die höher als $N_D^{\text{kr.}}$ sind, schneidet sich die durch den rechten Teil der Gleichung (2) gegebene Kurve mit der durch den linken Teil beschriebenen Geraden in zwei Punkten. Diesen beiden Schnittpunkten entsprechen zwei Temperaturen, die das Intervall abgrenzen, bei dem sich das Fermi-Niveau im Leitungsband befindet.

Die gemeinsame Lösung der Gleichung (2) und der Gleichung

$$1 = \frac{3}{2}\,\lambda\,\frac{(\ln y)^{1/2}}{y} \tag{3}$$

bestimmt die kritische Temperatur $T_{\text{kr.}}$ und die kritische Donatorenkonzentration, bei der das Fermi-Niveau das Leitungsbandminimum berührt. Wenn wir λ aus der Gleichung (3) in die Gleichung (2) einsetzen, so ergibt sich zur Bestimmung der kritischen Temperatur:

$$y = -\frac{1}{g_D} + \frac{2}{3}\, y \ln y .$$

Für $g_D = 2$ ist die Lösung der letzten Gleichung $y_{\text{kr.}} = 5{,}2$. Somit ist für Germanium (s. Aufgabe 18)

$$y_{\text{kr.}} = e^{T_0/T_{\text{kr.}}} = 5{,}2, \quad T^{\text{kr.}} = \frac{T_0}{\ln 5{,}2} = \frac{116°\text{K}}{1{,}65} = 70\,°\text{K};$$

$$N_D^{\text{kr.}} = \frac{2 g_D}{3} \cdot \frac{y_{\text{kr.}}}{(\ln y_{\text{kr.}})^{1/2}} \cdot \frac{N_c(T_0)}{1{,}27} \approx 10^{19}\ \text{cm}^{-3}.$$

Für InSb erhalten wir (s. Aufgabe 19)

$$T^{\text{kr.}} = \frac{11{,}6°\text{K}}{1{,}65} = 7\,°\text{K},$$

$$N_D^{\text{kr.}} \simeq 1{,}5 \cdot 10^{15}\ \text{cm}^{-3}.$$

21. Wir ermitteln die Grenzen des Temperaturintervalles, in dem die Löcherkonzentration konstant und gleich N_A ist. Wie auch in Aufgabe 18 sind dazu folgende Gleichungen zu lösen:

$$y_1 = \ln \frac{N_v(T_0')}{4 g_a N_a} - \frac{3}{2} y_1,$$

$$y_2 = \ln \frac{N_v(T_0'')}{N_a} - \frac{3}{2} y_2 + \frac{\xi}{2k}.$$

Für Silizium ist

$$\Delta = 1{,}21\ \text{eV}, \qquad \xi = 2{,}8 \cdot 10^{-4}\ \text{eV/grd};$$

$$T_0' = \frac{E_A - E_v}{k} = 520°\text{K}, \quad T_0'' = \frac{\Delta}{2k} = 7020°\text{K};$$

$$N_v(T_0') = 2{,}6 \cdot 10^{19}\ \text{cm}^{-3}, \quad N_v(T_0'') = 1{,}3 \cdot 10^{21}\ \text{cm}^{-3}.$$

Die Gleichungen lassen sich somit zu

$$y_1 = 4{,}18 - 1{,}5 \ln y_1, \qquad y_2 = 11{,}09 - 1{,}5 \ln y_2$$

umformen. Ihre Lösungen sind

$$y_1 = 2{,}69, \qquad y_2 = 7{,}98;$$

$$T_1 = 194\,°\mathrm{K}, \qquad T_2 = 879\,°\mathrm{K}.$$

Bei Zimmertemperatur gilt demnach $p = N_A = 10^{17}\ \mathrm{cm}^{-3}$. Der spezifische Widerstand der Probe ist

$$\varrho = \frac{1}{pe\mu_p} = 0{,}62\ \Omega\,\mathrm{cm}.$$

Bei 30 °K ergibt sich die Löcherkonzentration zu

$$p = \sqrt{\frac{N_A N_v}{g_A}}\, e^{-\frac{E_A - E_v}{2kT}} = 3{,}2 \cdot 10^{13}\ \mathrm{cm}^{-3}.$$

22. Im Gebiet der Störstellenleitung ist die Konzentration der freien Löcher gering und das FERMI-Niveau liegt in der oberen Hälfte der Bandlücke, so daß

$$N_A^- = \frac{N_A}{1 + g_A \exp\left(\frac{E_A - F}{kT}\right)} \approx N_A$$

gilt. Die Neutralitätsgleichung hat deshalb folgendes Aussehen:

$$n + N_A = \frac{N_D}{1 + g_D \frac{n}{n_D}},$$

wobei $n_D = N_c \exp\left(\frac{E_D - E_c}{kT}\right)$ ist. Hieraus folgt

$$n = \frac{1}{2g_D}\left[\sqrt{n_D^2 + 2g_D(2N_D - N_A)\,n_D + g_D^2 N_A^2} - (n_D + g_D N_A)\right].$$

Bei tiefen Temperaturen (wenn $n_D \ll N_A$ ist) haben wir

$$n = \frac{1}{g_D}\left(\frac{N_D}{N_A} - 1\right) N_c e^{-\frac{E_c - E_D}{kT}},$$

und die Aktivierungsenergie ist folglich $E_c - E_D$.

23. Unter der Voraussetzung, daß

$$\frac{2g_D(N_D - N_A)\,n_D}{(n_D + g_D N_A)^2} \ll 1$$

ist, erhalten wir aus dem Resultat der vorhergehenden Aufgabe

$$n = \frac{n_D(N_D - N_A)}{(n_D + g_D N_A)} = \frac{N_D - N_A}{1 + g_D \dfrac{N_A}{n_D}}.$$

24. Bei 25 °K ist $N_c = 2{,}5 \cdot 10^{17}\ \mathrm{cm}^{-3}$ und $n_D = 2{,}5 \cdot 10^{15}\ \mathrm{cm}^{-3}$. Somit ergibt sich

$$\frac{2g_D n_D(N_D - N_A)}{(n_D + g_D N_A)^2} = 0{,}2,$$

und es kann das Resultat der vorhergehenden Aufgabe benutzt werden. Somit ist

$$n \approx \frac{N_D - N_A}{1 + g_D \dfrac{N_A}{n_D}} = 1{,}1 \cdot 10^{15}\ \mathrm{cm}^{-3}.$$

25. Bei tiefen Temperaturen ($T < T_1$) und bei hohen Temperaturen ($T > T_2$) hängt $\ln n$ wie folgt von der Temperatur ab: $\ln n = \text{const} - \dfrac{E_{akt}}{kT}$, wobei E_{akt} die entsprechende Aktivierungsenergie ist (s. Abb. 17). Im Intervall $T_1 < T < T_2$ verändert sich die Elektronenkonzentration praktisch nicht und beträgt $N_D - N_A$.

26. Die untere Grenze des Gebietes ergibt sich aus der Bedingung

$$\frac{1}{g_D}\left(\frac{N_D}{N_A}-1\right)N_c e^{-\frac{E_C-E_D}{kT_1}} = N_D - N_A,$$

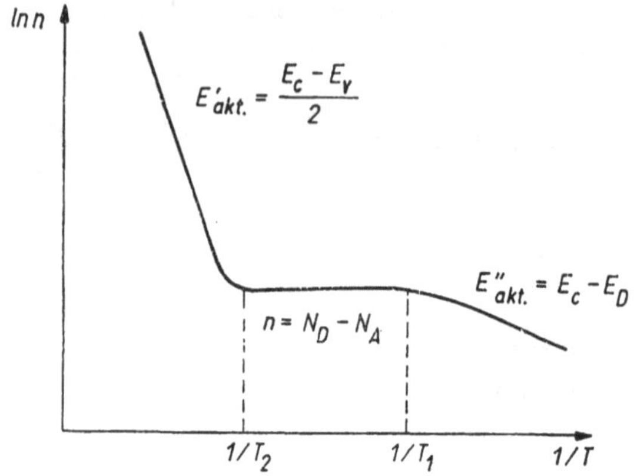

Abb. 17

die den Schnittpunkt des Abschnittes $n = N_D - N_A$ mit der Verlängerung des Tieftemperaturabschnittes der Kurve $\ln n = f\left(\frac{1}{T}\right)$ bestimmt. Hieraus folgt

$$T_1 = \frac{E_c - E_D}{k \ln \frac{N_c(T_1)}{g_D N_A}}.$$

Die obere Grenze wird aus der Eigenkonzentration der Elektronen

$$n = N_c e^{-\frac{E_c-E_v}{2kT_2}} = N_D - N_A$$

bestimmt, so daß

$$T_2 = \frac{\Delta}{2k\left[\ln \frac{N_c(T_2)}{N_D - N_A} + \frac{\xi}{2k}\right]}$$

ist. Für Silizium mit Arsen und Aluminium gilt

$$E_c - E_v = \Delta - \xi T = (1{,}21 - 2{,}8 \cdot 10^{-4} T)\,\text{eV},$$

$$T_0' = \frac{E_c - E_D}{k} \approx 580\,°\text{K}, \quad y_1 = \frac{T_0''}{T_1},$$

$$T_0' = \frac{\Delta}{2k} \approx 7{,}02 \cdot 10^3\,°\text{K}, \quad y_2 = \frac{T_0''}{T_2}.$$

Wenn wir die angeführten Parameterwerte einsetzen, nehmen die Gleichungen folgende Form an:

$$y_1 = \ln \frac{N_c(T_0')}{g_D N_A} - \frac{3}{2} \ln y_1,$$

$$y_2 = \ln \frac{N_c(T_0'')}{N_D - N_A} + \frac{\xi}{2k} - \frac{3}{2} \ln y_2.$$

Die Lösungen dieser Gleichungen sind:

$$y_1 = 10{,}4 - 1{,}5 \ln y_1, \qquad y_2 = 16{,}8 - 1{,}5 \ln y_2,$$

$$y_1 = 7{,}4, \qquad y_2 = 13,$$

$$T_1 = 78\,°\text{K}, \qquad T_2 = 540\,°\text{K}.$$

27. Die Relaxation der Nichtgleichgewichtskonzentration verläuft nach der Gleichung

$$\frac{\mathrm{d}\Delta p}{\mathrm{d}t} = -\frac{\Delta p}{\tau}.$$

Daraus ergibt sich

$$\Delta p(t) = \Delta p(0) \exp\left(-\frac{t}{\tau}\right),$$

$$\frac{\Delta p(t_1)}{\Delta p(t_2)} = \exp\left(\frac{t_2 - t_1}{\tau}\right),$$

$$\tau = \frac{t_2 - t_1}{\ln \dfrac{\Delta p(t_1)}{\Delta p(t_2)}} = \frac{9 \cdot 10^{-4}}{2{,}31} \approx 4 \cdot 10^{-4}\,\text{s}$$

28. Bei stationären Bedingungen ist

$$g = \frac{\Delta p}{\tau}, \qquad g = \alpha I.$$

Daraus ergibt sich

$$\Delta p = \alpha I \tau = 100 \cdot 5 \cdot 10^{15} \cdot 2 \cdot 10^{-4} = 10^{14}\ \mathrm{cm}^{-3}$$

und

$$\frac{\Delta \sigma}{\sigma_0} = \frac{e \Delta p (\mu_n + \mu_p)}{e n_0 \mu_n} = \frac{\Delta p}{n_0}\left(1 + \frac{1}{b}\right)$$

$$= \frac{10^{14}}{10^{15}}\left(1 + \frac{1}{2,1}\right) = 0,15.$$

29. Das Abklingen der Nichtgleichgewichtskonzentration verläuft nach der Gleichung

$$-u = \frac{\mathrm{d}\Delta n}{\mathrm{d}t} = -a\left[(n_0 + \Delta n)\left(\frac{n_i^2}{n_0} + \Delta n\right) - n_i^2\right] =$$

$$= a[(\Delta n)^2 + n_0 \Delta n].$$

Wenn man diese Gleichung mit der Anfangsbedingung $\Delta n = \Delta n(0)$ bei $t = 0$ integriert, erhält man

$$at = \frac{1}{n_0} \ln \frac{n_0 + \Delta n}{\Delta n} + \mathrm{const},$$

$$\Delta n = \frac{\Delta n(0) n_0}{(\Delta n(0) + n_0) e^{n_0 a} - \Delta n(0)}.$$

30. Aus der Formel (2.7) erhalten wir für schwache Anregung

$$\tau = \frac{1}{\alpha N_t} \frac{n_0 + n_1 + p_0 + p_1}{n_0 + p_0}.$$

Die hier eingehenden Konzentrationen errechnen sich zu:

$$n_0 = \frac{1}{\varrho e \mu_n} = 3{,}3 \cdot 10^{14}\ \mathrm{cm}^{-3},$$

$$p_0 = \frac{n_i^2}{n_0} = 2 \cdot 10^{13}\ \mathrm{cm}^{-3},$$

$$n_1 = p_1 = n_i = 8 \cdot 10^{13}\ \mathrm{cm}^{-3}.$$

Daraus ergibt sich

$$\alpha = \frac{1}{\tau N_t} = \frac{n_0 + p_0 + 2n_i}{n_0 + p_0} \approx 2{,}9 \cdot 10^{-9}\ \mathrm{cm}^3/\mathrm{s},$$

$$S = \frac{\alpha}{v_T} \approx 2{,}5 \cdot 10^{-16}\,\mathrm{cm}^2.$$

31. Unter den gegebenen Bedingungen finden wir aus (2.7)

$$\tau = \frac{1}{N_t \alpha_p}\left(1 + \frac{n_1}{n_0}\right). \quad (1)$$

Da nach den Bedingungen bei $T < 200\,°\mathrm{K}$ $\tau \sim \frac{1}{\sqrt{T}}$ und $\alpha_p = v_T S_p \approx \sqrt{T}$ ist, so kann man annehmen, daß für dieses Gebiet

$$\tau = \frac{1}{N_t \alpha_p}$$

gilt. Hieraus folgt

$$S_p = \frac{1}{\tau N_t v_T},$$

$$v_T(T = 200\,°\mathrm{K}) = 0{,}96 \cdot 10^7\ \mathrm{cm/s},$$

$$S_p = 2{,}6 \cdot 10^{-14}\ \mathrm{cm}^2.$$

Für 300 °K bestimmen wir nun n_1 aus (1) und finden $E_c - E_t$ nach der Formel

$$E_c - E_t = kT \ln \frac{N_c}{n_1}, \qquad v_T(T = 300\,°\mathrm{K}) = 1{,}17 \cdot 10^7\ \mathrm{cm/s},$$

$$n_1 = n_0(\tau N_t \alpha_p - 1) = 9{,}3 \cdot 10^{14}\ \mathrm{cm}^{-3},$$

$$N_c(T = 300\,°\mathrm{K}) = 1{,}06 \cdot 10^{19}\ \mathrm{cm}^{-3}.$$

Somit erhalten wir

$$E_c - E_t = 0{,}32\ \mathrm{eV}.$$

32. Aus Formel (2.7) folgt, daß für geringe Abweichungen vom Gleichgewicht die Lebensdauer bei $n_0 \approx n_i$ maximal ist. Dabei gilt unter unseren Bedingungen

$$\tau_{\max} = \tau_{n0} \frac{p_1}{2 n_i}.$$

Außerdem ist

$$\tau_2 = \tau_{n0} \frac{p_1 + p_{02}}{p_{02}}.$$

Daraus ist leicht p_1 und folglich E_t zu bestimmen:

$$p_1 = \frac{p_{02}}{\dfrac{p_{02}}{2 n_i} \dfrac{\tau_2}{\tau_{\max}} - 1} = 1{,}3 \cdot 10^{15}\ \mathrm{cm}^{-3},$$

$$E_t - E_v = kT \ln \frac{N_v}{p_1} = 0{,}26\ \mathrm{eV}.$$

Nunmehr ist es nicht schwer, die Einfangkoeffizienten zu bestimmen:

$$\alpha_n = \frac{1}{N_t \tau_{n0}} = \frac{p_1}{N_i \tau_{\max} \cdot 2 n_i} = 4{,}4 \cdot 10^{-9}\ \mathrm{cm^3/s},$$

$$\alpha_p = \frac{1}{N_t \tau_{p0}} = \frac{1}{N_t \tau_1} = 6{,}2 \cdot 10^{-9}\ \mathrm{cm^3/s},$$

$$S_n = \frac{\alpha_n}{v_T} = 3{,}8 \cdot 10^{-16}\ \mathrm{cm^2},$$

$$S_p = \frac{\alpha_p}{v_T} = 5{,}3 \cdot 10^{-16}\ \mathrm{cm^2}.$$

33. Die Ausdrücke für die Lebensdauer haben in unseren beiden Fällen die Form (s. (2.7))

$$\tau = \frac{1}{\alpha_p N_t} \left(1 + \frac{n_1}{n_0 + \Delta n} + \frac{\alpha_p}{\alpha_n} \frac{\Delta n}{n_0 + \Delta n}\right),$$

$$\tau_0 = \frac{1}{\alpha_p N_t} \left(1 + \frac{n_1}{n_0}\right).$$

Hieraus erhalten wir

$$\left(1 + \frac{n_1}{n_0}\right) \frac{\tau}{\tau_0} = 1 + \frac{n_1}{n_0 + \Delta n} + \frac{\alpha_p}{\alpha_n} \frac{\Delta n}{n_0 + \Delta n}.$$

Wenn wir die Koeffizienten dieser Gleichung errechnen, ergibt sich

$$n_1 = N_c \exp \frac{E_t - E_c}{kT} = 4{,}7 \cdot 10^{15}\ \mathrm{cm^{-3}},$$

$$n_1/n_0 = 4{,}66, \quad \tau/\tau_0 = 2{,}35.$$

Das gesuchte Verhältnis der Einfangquerschnitte, das gleich dem Verhältnis der Einfangkoeffizienten ist, beträgt somit

$$\frac{S_p}{S_n} = \frac{\alpha_p}{\alpha_n} \approx 89.$$

34. Unter den gegebenen Bedingungen sind die Lebensdauern

$$\tau_0 = \frac{1}{N_t \alpha_p} \left(1 + \frac{\alpha_p}{\alpha_n} \frac{p_1}{n_0}\right), \tag{1}$$

$$\tau_1 = \frac{1}{N_t \alpha_p} \left(1 + \frac{\alpha_p}{\alpha_n} \frac{p_1 + \Delta n}{n_0 + \Delta n}\right). \tag{2}$$

Die hier angegebenen Größen errechnen sich zu

$$n_0 = \frac{1}{\varrho_0 e \mu_n} = 10^{15}\ \mathrm{cm}^{-3},$$

$$p_1 = N_v \exp\left(\frac{E_v - E_t}{kT}\right) = 2{,}5 \cdot 10^{13}\ \mathrm{cm}^{-3},$$

$$\frac{\Delta n}{n_0} = \frac{\varrho_0 - \varrho}{\varrho} \frac{b}{1 + b} = 0{,}2.$$

Aus (1) und (2) bestimmen wir das Verhältnis der Einfangkoeffizienten zu

$$\frac{\alpha_p}{\alpha_n} = \frac{1 - \dfrac{\tau_0}{\tau_1}}{\dfrac{p_1 + \Delta n}{n_0 + \Delta n} \dfrac{\tau_0}{\tau_1} - \dfrac{p_1}{n_0}}, \qquad \frac{\tau_0}{\tau_1} = 0{,}61.$$

Folglich ist

$$\frac{\alpha_p}{\alpha_n} = \frac{0{,}39}{0{,}089} \approx 4{,}4.$$

Hieraus ergibt sich

$$\tau_{p0} = \frac{\tau_0}{1 + \dfrac{\alpha_p}{\alpha_n} \dfrac{p_1}{n_0}} \approx 1{,}8 \cdot 10^{-6}\ \mathrm{s},$$

$$\tau_{n0} = \frac{\alpha_p}{\alpha_n} \tau_{p0} \approx 8 \cdot 10^{-6}\ \mathrm{s}.$$

35. Bei niedrigen Temperaturen sind die tiefen Akzeptorniveaus nur infolge der Kompensation durch Donatoren besetzt:

$$N_D = N_A^- = 10^{15}\ \text{cm}^{-3}, \qquad N_A^0 = 9 \cdot 10^{15}\ \text{cm}^{-3}.$$

Es gilt somit die Ungleichung $N_A^0, N_A^- \gg n_0, p_0, n_1, p_1$. Deshalb erhalten wir unter der Voraussetzung, daß das Injektionsniveau klein ist $(\Delta n, \Delta p \ll N_A^-)$

$$\tau_n = \frac{1}{\alpha_n N_A^0}, \qquad \tau_p = \frac{1}{\alpha_p N_A^-},$$

$$\Delta n = g \cdot \tau_n = 10^{14}\ \text{cm}^{-3},$$

$$\Delta p = \Delta n \frac{\tau_p}{\tau_n} = \Delta n \frac{S_n}{S_p} \frac{N_A^0}{N_A^-} = 9 \cdot 10^{12}\ \text{cm}^{-3},$$

$$\tau_p = \tau_n \frac{\Delta p}{\Delta n} = 0{,}9 \cdot 10^{-6}\ \text{s},$$

$$\alpha_n = \frac{1}{\tau_n N_A^0} = 1{,}1 \cdot 10^{-11}\ \text{cm}^3/\text{s},$$

$$\alpha_p = \frac{S_p}{S_n} \alpha_n = 1{,}1 \cdot 10^{-9}\ \text{cm}^3/\text{s}.$$

36*. Wir analysieren den allgemeinen Ausdruck (2.9). Bei der gegebenen Lage des FERMI-Niveaus und von E_1 und E_2 kann man annehmen, daß

$$n_0/p_0 \ll 1, \qquad n_1/p_0 \ll 1, \qquad p_2/p_0 \ll 1$$

gilt. Unter Berücksichtigung dieser Annahmen ergibt sich

$$\frac{1}{\tau} = \frac{N_t}{1 + \dfrac{p_1}{p_0}} \left(\alpha_{n1} + \frac{\alpha_{n2} \dfrac{p_1}{p_0}}{1 + \dfrac{\alpha_{n2}}{\alpha_{p2}} \dfrac{n_2}{p_0}} \right).$$

Aus dem Vergleich dieser Formel mit der empirischen kann man folgern, daß ein waagerechter Abschnitt bei hohen Temperaturen sich nur dann experimentell ergeben kann, wenn

$$\frac{\alpha_{n2}}{\alpha_{p2}} \frac{n_2}{p_0} \gg 1$$

gilt. Unter Berücksichtigung dieser Bedingung ergibt sich

$$\tau = \frac{1}{N_t} \frac{p_0 + p_1}{\alpha_{n1} p_0 + \alpha_{n2} p_1} .$$

Wenn man in Betracht zieht, daß $p_1 = N_v \exp\left(\frac{E_v - E_1}{kT}\right)$ ist, erhalten wir nach einer Umformung

$$2 N_t \tau = \left(\frac{1}{\alpha_{n1}} + \frac{1}{\alpha_{n2}}\right) - \left(\frac{1}{\alpha_{n2}} - \frac{1}{\alpha_{n1}}\right) \operatorname{th}\left(\frac{E_1 - E_v}{2kT} + \frac{1}{2} \ln \frac{\alpha_{n1} p_0}{\alpha_{n2} N_v}\right).$$

Die empirische Formel hat die gleiche Form:

$$2 N_t \tau = A - B \tanh\left(\frac{T_0}{T} - \chi\right),$$

wobei

$$A = 3{,}24 \cdot 10^8 \text{ cm}^{-3} \cdot \text{s}, \quad B = 2{,}48 \cdot 10^8 \text{ cm}^{-3} \cdot \text{s},$$

$$T_0 = 955\,°\text{K}, \quad \chi = 4{,}41$$

ist. Hieraus finden wir

$$\alpha_{n1} = \frac{2}{A - B} = 2{,}64 \cdot 10^{-8} \text{ cm}^3/\text{s},$$

$$\alpha_{n2} = \frac{2}{A + B} = 3{,}5 \cdot 10^{-9} \text{ cm}^3/\text{s},$$

$$p_0 = N_v \frac{\alpha_{n2}}{\alpha_{n1}} e^{-2\lambda} = 2 \cdot 10^{14} \text{ cm}^{-3},$$

$$E_1 = E_v + 2kT_0 = E_v + 0{,}17 \text{ eV}.$$

Zur Bestimmung des Einfangquerschnittes errechnen wir bei 200 °K

$$v_T = \sqrt{\frac{3kT}{m_0}} = 0{,}96 \cdot 10^7 \text{ cm/s}.$$

Somit erhalten wir als endgültiges Resultat

$$S_{n1} = \frac{\alpha_{n1}}{v_T} \approx 2{,}8 \cdot 10^{-15} \text{ cm}^2,$$

$$S_{n2} \approx 3{,}7 \cdot 10^{-16} \text{ cm}^2.$$

37. Analog zu (2.10) kann man folgende Gleichungen aufschreiben:

$$\frac{\mathrm{d}\Delta n}{\mathrm{d}t} = g - u_n = g - \frac{\Delta p}{\tau_r}, \tag{1}$$

$$\frac{\mathrm{d}\Delta p}{\mathrm{d}t} = g - \frac{\Delta p}{\tau_r} - \frac{\Delta p}{\tau_1} + \frac{\Delta p_t}{\tau_2}$$

$$\Delta p_t = \Delta n - \Delta p. \tag{2}$$

Unter stationären Bedingungen ist

$$\Delta p = g\tau_r, \quad \Delta p_t = \frac{\tau_2}{\tau_1}\Delta p, \quad \Delta n = \left(1 + \frac{\tau_2}{\tau_1}\right)\Delta p.$$

Das zeitliche Verhalten von Δn und Δp während des Relaxationsprozesses wird durch eine lineare Kombination zweier Exponentialfunktionen beschrieben:

$$\Delta n = Ae^{-k_1 t} + Be^{-k_2 t}, \quad \Delta p = Ce^{-k_1 t} + D^{k_2 t} e^{-k_2 t}.$$

Wenn wir (2) differenzieren und damit $\mathrm{d}\Delta n/\mathrm{d}t$ in (1) ausdrücken, erhalten wir die charakteristische Gleichung

$$k^2 - \frac{k}{\tau_g} + \frac{1}{\tau_2 \tau_r} = 0,$$

wobei

$$\frac{1}{\tau_g} = \frac{1}{\tau_r} + \frac{1}{\tau_1} + \frac{1}{\tau_2}$$

ist. Die Lösungen lauten

$$k_{1,2} = \frac{1}{2\tau_g} \pm \sqrt{\frac{1}{4\tau_g^2} - \frac{1}{\tau_r \tau_2}}\,. \tag{3}$$

Aus der Gleichung (1) folgt

$$C = \tau_r k_1 A, \qquad D = \tau_r k_2 B,$$

und wegen der Anfangsbedingungen wird

$$C + D = g\tau_r, \qquad A + B = g\tau_r \left(1 + \frac{\tau_2}{\tau_1}\right).$$

Aus diesen Beziehungen können die Koeffizienten bestimmt werden. Als endgültiges Resultat erhalten wir

$$\begin{aligned} \Delta n = {} & \frac{g\tau_r}{k_1 - k_2}\left(1 + \frac{\tau_2}{\tau_1}\right)\left\{\left[\frac{1}{\tau_1} - k_2\left(1 + \frac{\tau_2}{\tau_1}\right)\right] e^{-k_1 t} \right. \\ & \left. + \left[k_1\left(1 + \frac{\tau_2}{\tau_1}\right) - \frac{1}{\tau_r}\right] e^{-k_2 t}\right\}, \end{aligned} \tag{4}$$

$$\begin{aligned} \Delta p = {} & \frac{g\tau_r^3}{k_1 - k_2}\left\{k_1\left[\frac{1}{\tau_r} - k_2\left(1 + \frac{\tau_2}{\tau_1}\right)\right] e^{-k_1 t} \right. \\ & \left. + k_2\left[k_1\left(1 + \frac{\tau_2}{\tau_1}\right) - \frac{1}{\tau_r}\right] e^{-k_2 t}\right\}. \end{aligned}$$

38. Bei stationären Bedingungen gilt

$$\Delta p = g\tau_r = 10^{19} \cdot 2 \cdot 10^{-6} = 2 \cdot 10^{13}\ \text{cm}^{-3},$$

$$\Delta n = \Delta p \left(1 + \frac{\tau_2}{\tau_1}\right) = 2{,}2 \cdot 10^{14}\ \text{cm}^{-3},$$

$$\frac{\Delta\sigma}{\sigma_0} = \frac{\Delta p \cdot \mu_p + \Delta n \cdot \mu_n}{n_0 \mu_n} = \frac{\Delta p \left[1 + b\left(1 + \frac{\tau_2}{\tau_1}\right)\right]}{n_0 b}$$

$$= \frac{2 \cdot 10^{13}}{5 \cdot 10^{15}}\left(\frac{1}{2{,}1} + 11\right) = 0{,}046\,.$$

Entsprechend der Formel (3) der vorhergehenden Aufgabe finden wir

$$k_1 = 5{,}02 \cdot 10^6\,\mathrm{s}^{-1}, \qquad k_2 = 2 \cdot 10^4\,\mathrm{s}^{-1}.$$

Weiterhin nimmt der Ausdruck (4) für diese Aufgabe folgendes Aussehen an

$$\Delta n = 2{,}2 \cdot 10^{14}(0{,}58 e^{-k_1 t} + 10{,}42 e^{-k_2 t})\,\mathrm{cm}^{-3},$$

$$\Delta p = 2 \cdot 10^{13}(0{,}58 e^{-k_1 t} + 0{,}42 e^{-k_2 t})\,\mathrm{cm}^{-3}.$$

Es ist offensichtlich, daß in der Zeit $1/k_1 \approx \tau_r$ die kleine „schnelle“ Nichtgleichgewichtskomponente der Leitfähigkeit verschwindet und anschließend ein „Schwanz“ beobachtet wird, der entsprechend der langsameren Haftstellenentleerung mit der charakteristischen Zeit $1/k_2 \sim \tau_2$ abklingt.

39. In dem allgemeinen Ausdruck für $\Delta p_t/\Delta p$ (2.6) kann man bei den gegebenen Bedingungen die Größen p_0, p_1, n_1 vernachlässigen. Hieraus folgt

$$\frac{\Delta p_t}{\Delta p} = \frac{\alpha_p}{\alpha_n}\frac{N_t}{n_0},$$

$$\alpha_n = \frac{N_t}{n_0}\alpha_p\frac{\Delta p}{\Delta p_t} = \frac{10^{14}}{4 \cdot 10^{14}} \cdot 10^{-8} \cdot \frac{1}{24} \approx 1{,}04 \cdot 10^{-10}\,\mathrm{cm}^3/\mathrm{s}.$$

Für die andere Haftstellenkonzentration ergibt sich

$$\Delta p_t/\Delta p = 0{,}24,$$

$$\tau_p = \frac{1}{N_{t2} \cdot \alpha_p} = \frac{1}{10^{12} \cdot 10^{-8}} = 10^{-4}\,\mathrm{s},$$

$$\tau_n = \left(1 + \frac{\Delta p_t}{\Delta p}\right)\tau_p = 1{,}24 \cdot 10^{-4}\,\mathrm{s}.$$

40. Durch Benutzung der EINSTEINschen Beziehung (3.7) erhalten wir

$$D_n = 98\,\mathrm{cm}^2/\mathrm{s}.$$

41. In Übereinstimmung mit dem Ausdruck (3.5) finden wir

$$D_n = \frac{n \mu_n k T}{e \dfrac{\mathrm{d}n}{\mathrm{d}\eta}}, \tag{1}$$

wobei $\eta = \dfrac{F - E_c}{kT}$ ist. Weiterhin ist auf Grund von (1.5) und (A.3)

$$n = \frac{8\pi (2 m_n k T)^{3/2}}{3 h^3} \eta^{3/2},$$

woraus

$$\eta = \left(\frac{3h^3}{8\pi}\right)^{2/3} \frac{1}{2 m_n k T} \cdot n^{2/3},$$

$$\frac{1}{kT} \frac{\mathrm{d}n}{\mathrm{d}\eta} = 3 m_n \left(\frac{3h^3}{8\pi}\right)^{-2/3} n^{1/3} \tag{2}$$

folgt. Wenn wir (2) in (1) einsetzen, so ergibt sich

$$D_n = \frac{h^2}{3e} \left(\frac{3}{8\pi}\right)^{2/3} \frac{\mu_n}{m_n} n^{2/3} = 3{,}6 \text{ cm}^2/\text{s}.$$

42. Durch Benutzung des Resultates von Aufgabe 4, der Ausdrücke (1.5), (1.6) und (A.3) erhalten wir

$$n = \frac{8\pi Q}{3h^3} (8 m_x m_y m_z)^{1/2} \eta^{3/2} (kT)^{3/2}$$

oder, mit $m_d = Q^{2/3} (m_x m_y m_z)^{1/3}$,

$$n = \frac{8\pi (2 m_d k T)^{3/2}}{3h^3} \eta^{3/2}, \qquad \eta = \left(\frac{3h^3}{8\pi}\right)^{2/3} \frac{n^{2/3}}{2 m_d k T},$$

$$D = \frac{h^2}{3e} \left(\frac{3}{8\pi}\right)^{2/3} \frac{\mu_n}{m_d} n^{2/3}.$$

43. Unter Verwendung der EINSTEINschen Beziehung und der Bedingung $n = p = n_i$ finden wir

$$D = \frac{2 n_i}{n_i \left(\frac{1}{D_p} + \frac{1}{D_n}\right)} = \frac{2 k T}{e \left(\frac{1}{\mu_n} + \frac{1}{\mu_p}\right)}$$

$$= \frac{2 k T \mu_n}{e(1 + b)} = 63 \text{ cm}^2/\text{s}.$$

44. Die Kontinuitätsgleichung nimmt für diese Aufgabe folgende Form an (s. Abb. 2):

$$D_p \frac{\mathrm{d}^2 \Delta_p}{\mathrm{d}x^2} + g_0 - \frac{\Delta p}{\tau_p} = 0.$$

Die Randbedingungen sind:

$$D_p \frac{\mathrm{d}\Delta p}{\mathrm{d}x}\bigg|_{x=0} = s \Delta p\bigg|_{x=0},$$

$$\Delta p \to g_0 \tau_p \quad \text{bei} \quad x \to \infty.$$

Die allgemeine Lösung dieser Gleichung lautet

$$\Delta p(x) = g_0 \tau_p + C_1 e^{-x/L_p} + C_2 e^{x/L_p}.$$

Wegen der Randbedingungen ist $C_2 = 0$ und somit

$$-\frac{D_p}{L_p} C_1 = s(C_1 + g_0 \tau_p), \qquad C_1 = -\frac{g_0 \tau_p^3 s}{L_p + s \tau_p}.$$

Daraus ergibt sich

$$\Delta p(x) = g_0 \tau_p \frac{s \tau_p (1 - e^{-x/L_p}) + L_p}{L_p + s \tau_p}$$

und

$$\Delta p(0) = g_0 \tau_p \frac{L_p}{L_p + s \tau_p}.$$

Unter den angegebenen Bedingungen ist

$$\Delta p(0) = 0{,}88 \cdot 10^{12}\ \mathrm{cm}^{-3}.$$

45. Die Kontinuitätsgleichung und die Randbedingungen haben in diesem Fall folgendes Aussehen (s. Abb. 2):

$$D_p \frac{\mathrm{d}^2 \Delta p}{\mathrm{d}x^2} + g_0 e^{-\alpha x} - \frac{\Delta p}{\tau_p} = 0, \qquad g_0 = I\alpha;$$

$$D_p \left.\frac{\mathrm{d}\Delta p}{\mathrm{d}x}\right|_{x=0} = s \Delta p \Big|_{x=0},$$

$$\Delta p \to 0 \quad \text{bei} \quad x \to \infty.$$

Die allgemeine Lösung der Gleichung ist

$$\Delta p(x) = C_1 e^{-x/L_p} + C_2 e^{x/L_p} - \frac{g_0 \tau_p e^{-\alpha x}}{L_p^2 \alpha^2 - 1}.$$

Nach Bestimmung von C_1 und C_2 aus den Randbedingungen erhalten wir

$$\Delta p(x) = \frac{g_0 \tau_p}{L_p^2 \alpha^2 - 1} \left(\frac{\alpha L_p^2 + s\tau_p}{L_p + s\tau_p} e^{-x/L_p} - e^{-\alpha x} \right),$$

$$\Delta p(0) = g_0 \tau_p \frac{L_p}{(L_p \alpha + 1)(L_p + s\tau_p)} \approx g_0 \tau_p \frac{1/\alpha}{L_p + s\tau_p},$$

da bei den gegebenen Bedingungen $L_p \alpha \gg 1$ ist. Hieraus folgt

$$\Delta p(0) = 0{,}5 \cdot 10^{14}\ \mathrm{cm}^{-3}.$$

46*. Bei stationären Bedingungen gilt (s. Abb. 2) $j_{nx} + j_{px} = 0$,

$$\sigma E + e D_n \frac{\mathrm{d}\Delta n}{\mathrm{d}x} - e D_p \frac{\mathrm{d}\Delta p}{\mathrm{d}x} = 0,$$

wobei

$$\sigma = \sigma_p + \sigma_n, \qquad \sigma_p = p e \mu_p, \qquad \sigma_n = n e \mu_n$$

ist. Hieraus erhalten wir die Feldstärke des DEMBER-Effektes zu

$$E = -\frac{e}{\sigma}\left(D_n \frac{\mathrm{d}\Delta n}{\mathrm{d}x} - D_p \frac{\mathrm{d}\Delta p}{\mathrm{d}x}\right)$$

$$= -\frac{e}{\sigma}\left[(D_n - D_p)\frac{\mathrm{d}\Delta p}{\mathrm{d}x} - D_n \frac{\mathrm{d}(\Delta p - \Delta n)}{\mathrm{d}x}\right]$$

$$= -\frac{e}{\sigma}\frac{\mathrm{d}}{\mathrm{d}x}\left[(D_n - D_p)\Delta p - D_n(\Delta p - \Delta n)\right].$$

Wir setzen nun $E = E' + E''$, wobei

$$E' = -\frac{e}{\sigma}\frac{\mathrm{d}\Delta p}{\mathrm{d}x}(D_n - D_p), \qquad E'' = \frac{e}{\sigma} D_n \left(\frac{\mathrm{d}\Delta p}{\mathrm{d}x} - \frac{\mathrm{d}\Delta n}{\mathrm{d}x}\right)$$

gelten soll. Wenn die Bedingung $|\Delta p - \Delta n| \ll \Delta p$ erfüllt ist, kann man E'' gegenüber E' vernachlässigen. Deshalb braucht man zur Bestimmung von $\Delta p - \Delta n$ nur E' in die POISSON-Gleichung einzusetzen:

$$|\Delta p - \Delta n| = \frac{\varepsilon(D_n - D_p)}{4\pi\sigma_0}\frac{\mathrm{d}^2\Delta p}{\mathrm{d}x^2}. \tag{1}$$

Die Konzentration der Nichtgleichgewichtsträger Δp finden wir aus der Kontinuitätsgleichung

$$\operatorname{div}(D \operatorname{grad} \Delta p) - \frac{\Delta p}{\tau} = 0, \tag{2}$$

wobei der ambipolare Diffusionskoeffizient D bei niedrigem Injektionsniveau konstant ist, so daß die Gleichung (2) folgende Form annimmt:

$$\frac{\mathrm{d}^2\Delta p}{\mathrm{d}x^2} - \frac{\Delta p}{L_2} = 0, \quad L = \sqrt{D\tau}.$$

Für eine Probe, deren Dicke um vieles größer als L ist, ergibt sich als Lösung

$$\Delta p(x) = \Delta p_s e^{-x/L}, \tag{3}$$

wobei Δp_s die Konzentration der Nichtgleichgewichtsträger an der Oberfläche bei $x = 0$ ist. Setzen wir Δp in der Form (3) in (1) ein, so folgt

$$\frac{|\Delta p - \Delta n|}{\Delta p} = \frac{\varepsilon (D_n - D_p)}{4\pi\sigma_0 L^2}$$

$$= \frac{\varepsilon D_n (1 - b^{-1})}{4\pi e \mu_n (n_0 + b^{-1} p_0) L^2} = \frac{\varepsilon k T (b - 1)}{4\pi e^2 (b n_0 + p_0) L^2}.$$

Unter der Bedingung $n_0 \gg p_0$ erhalten wir

$$\frac{|\Delta p - \Delta n|}{\Delta p} = \frac{\varepsilon k T (b - 1)}{4\pi e b n_0 L^2}.$$

Dann gilt also

$$\frac{|\Delta p - \Delta n|}{\Delta p} = 2{,}7 \cdot 10^{-7} < 10^{-6}.$$

Das Resultat zeigt, daß die Näherung der lokalen elektrischen Neutralität unter gewöhnlichen Bedingungen mit größter Genauigkeit erfüllt wird. Folglich ergibt sich für das elektrische Feld des DEMBER-Effektes in guter Annäherung der Ausdruck

$$E = -\frac{e}{\sigma} (D_n - D_p) \frac{\mathrm{d}\Delta p}{\mathrm{d}x}.$$

47*. Aus der Lösung der vorhergehenden Aufgabe haben wir (s. Abb. 2)

$$E = -\frac{e (D_n - D_p)}{\sigma_0} \frac{\mathrm{d}\Delta p}{\mathrm{d}x},$$

$$\frac{d\varphi}{dx} = \frac{e D_n (1 - b^{-1})}{e \mu_n (n_0 + b^{-1} p_0)} \frac{\mathrm{d}\Delta p}{\mathrm{d}x}.$$

Deshalb gilt für eine dicke Probe

$$\Delta p = \Delta p_1 e^{-x/L_p}, \quad \Delta p_1 = \Delta p|_{x=0},$$

$$\varphi_1 - \varphi_2 = \frac{k T (b - 1)}{e (b n_0 + p_0)} \Delta p_1.$$

Die Randbedingung an der bestrahlten Oberfläche ist

$$g_s = s\Delta p|_{x=0} - D_p \frac{\mathrm{d}\Delta p}{\mathrm{d}x}\bigg|_{x=0}.$$

Hieraus folgt:

$$\Delta p_1 = \frac{g_s}{\frac{D_p}{L_p} + s} = \frac{g_s}{\frac{D_n}{bL_p} + s} = \frac{g_s}{\sqrt{\frac{D_n}{b\tau_p}} + s}, \tag{1}$$

$$\varphi_1 - \varphi_2 = \frac{kT(b-1)}{ben_0} \frac{g_s}{\sqrt{\frac{D_n}{b\tau}} + s}. \tag{2}$$

Unter Verwendung der gegebenen Parameterwerte erhalten wir aus Formel (1)

$$\Delta p_1 = 6{,}0 \cdot 10^{11}\ \mathrm{cm}^{-3}.$$

Somit wird die Bedingung $\Delta p_1 < n_0$ erfüllt, und nach Formel (2) ergibt sich

$$\varphi_1 - \varphi_2 = 1{,}6 \cdot 10^{-5}\ \mathrm{V}.$$

48. Es sei g_0 die Erzeugungsrate von Überschußträgern im Volumen der Probe ($g_0 = I\alpha$). Die Kontinuitätsgleichung hat dann die Form (siehe Abb. 3)

$$D_p \frac{\mathrm{d}^2\Delta p}{\mathrm{d}x^2} + g_0 - \frac{\Delta p}{\tau_p} = 0$$

mit der Randbedingung

$$D_p \frac{\mathrm{d}\Delta p}{\mathrm{d}x}\bigg|_{x=0} = s\Delta p\bigg|_{x=0}, \quad D_p \frac{\mathrm{d}\Delta p}{\mathrm{d}x}\bigg|_{x=0} = -s\Delta p\bigg|_{x=0}.$$

Die Lösung dieser Gleichung ist:

$$\Delta p(x) = g_0\tau_p + C_1 e^{-x/L_p} + C_2 e^{x/L_p}. \tag{1}$$

Die Koeffizienten C_1 und C_2 finden wir entsprechend den Randbedingungen zu

$$C_1 = s g_0 \tau_p \frac{\left(\frac{D_p}{L_p} + s\right) e^{d/L_p} + \left(\frac{D_p}{L_p} - s\right)}{-\left(\frac{D_p}{L_p} + s\right)^2 e^{d/L_p} + \left(\frac{D_p}{L_p} - s\right)^2 e^{-d/L_p}}, \quad (2)$$

$$C_2 = s g_0 \tau_p \frac{\left(\frac{L_p}{D_p} + s\right) + \left(\frac{D_p}{L_p} - s\right) e^{-d/L_p}}{-\left(\frac{D_p}{L_p} + s\right)^2 e^{d/L_p} + \left(\frac{D_p}{L_p} - s\right)^2 e^{-d/L_p}}. \quad (3)$$

Unter Verwendung von (1), (2) und (3) ergibt sich

$$\Delta p(0) = \Delta p(d)$$

$$= g_0 \tau_p \frac{D_p}{L_p} \frac{\left(\frac{D_p}{L_p} + s\right) e^{d/L_p} - \left(\frac{D_p}{L_p} - s\right) e^{-d/L_p} - 2s}{\left(\frac{D_p}{L_p} + s\right)^2 e^{d/L_p} - \left(\frac{D_p}{L_p} - s\right)^2 e^{-d/L_p}}.$$

Für unseren Fall ist somit

$$\Delta p(0) = 9{,}8 \cdot 10^{12}\ \mathrm{cm}^{-3}.$$

49. Die Kontinuitätsgleichung hat hier folgendes Aussehen:

$$D_p \frac{\mathrm{d}^2 \Delta p}{\mathrm{d}x^2} - E \mu_p \frac{\mathrm{d} \Delta p}{\mathrm{d}x} - \frac{\Delta p}{\tau_p} = 0, \quad x \neq 0$$

oder

$$\frac{\mathrm{d}^2 \Delta p}{\mathrm{d}x^2} - \frac{eE}{kT} \frac{\mathrm{d} \Delta p}{\mathrm{d}x} - \frac{\Delta p}{L_p^2} = 0, \quad x \neq 0.$$

In großen Abständen von der Injektionsstelle muß die Nichtgleichgewichtskonzentration Δp Null sein. Die Gleichung hat die Lösungen (vgl. Abb. 18)

$$\Delta p = \begin{cases} \Delta p_0 e^{k_1 x}, & x < 0, \\ \Delta p_0 e^{k_2 x}, & x > 0, \end{cases}$$

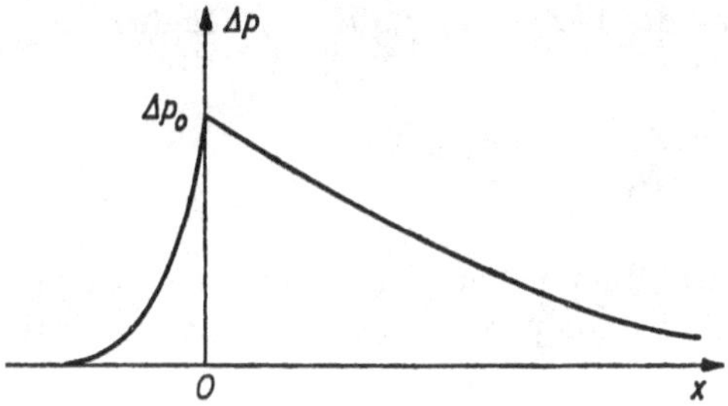

Abb. 18

wobei

$$k_{1,2} = \frac{1}{2}\frac{eE}{kT} \pm \sqrt{\frac{1}{4}\frac{e^2E^2}{k^2T^2} + \frac{1}{L_p^2}}$$

und Δp_0 der Wert von Δp an der Injektionsstelle $x = 0$ ist. Wir führen die Bezeichnung $l = \frac{kT}{eE}$, $L_E = E\mu_p\tau_p$ (L_E ist die Driftlänge) ein. Dann ist

$$k_{1,2} = \frac{1}{2l}\left(1 \pm \sqrt{1 + \frac{4l}{L_E}}\right).$$

Unter unseren Bedingungen erhalten wir

$$l = 5{,}2 \cdot 10^{-3}\ \text{cm}, \qquad L_E = \frac{eEL_p^2}{kT} = 1{,}57\ \text{cm}.$$

Da $\frac{l}{L_E} \ll 1$ ist, ergibt sich

$$k_1 \approx \frac{1}{l}, \quad k_2 \approx -\frac{1}{L_E}.$$

50. Die Verteilung der Nichtgleichgewichtslöcher bei Vernachlässigung ihrer Drift hat folgende Form:

$$\Delta p = \Delta p(0)e^{-x/L_p}.$$

Hieraus ergibt sich

$$j_p(0) = -eD_p\left.\frac{\mathrm{d}\Delta_p}{\mathrm{d}x}\right|_{x=0} = \frac{eD_p\Delta p(0)}{L_p}.$$

Unter Verwendung der Beziehung $j_p(0) = \gamma j$ finden wir

$$\Delta p(0) = \frac{L_p \gamma j}{e D_p} = 10^{13}\ \mathrm{cm}^{-3}.$$

51. Bei fehlendem Einfang in Haftstellen ($\Delta n = \Delta p$) und Vernachlässigung der Driftkomponente des Löcherstromes haben wir

$$j_p = -e D_p \frac{\mathrm{d}\Delta p}{\mathrm{d}x} = \gamma j e^{-x/L_p},$$

$$j_n = \sigma_n E + e D_n \frac{\mathrm{d}\Delta n}{\mathrm{d}x} = \sigma_0 E - b j_p, \quad \sigma_0 = e n_0 \mu_n.$$

Die Gesamtdichte des Stromes ist

$$j = j_n + j_p = \sigma_0 E - (b-1)\gamma j e^{-x/L_p}.$$

Hieraus bestimmen wir die Feldstärke bei $x = 0$:

$$E(0) = \frac{j}{\sigma_0}[1 + (b-1)\gamma] = 0{,}025\ \mathrm{V/cm}.$$

Der Driftanteil des Löcherstromes wird klein im Vergleich zum Diffusionsstrom, wenn $E\mu_p \ll \frac{D_p}{L_p}$ oder $E \ll \frac{kT}{eL_p}$ ist. Unter unseren Bedingungen ist diese Ungleichung erfüllt.

52. Die Kontinuitätsgleichung hat in diesem Fall folgendes Aussehen:

$$D_p \frac{\mathrm{d}^2 \Delta p}{\mathrm{d}x^2} - \frac{(\Delta p)^2}{a} = 0.$$

Wenn wir mit $2\frac{\mathrm{d}\Delta p}{\mathrm{d}x}$ multiplizieren, erhalten wir

$$D_p \frac{\mathrm{d}}{\mathrm{d}x}\left(\frac{\mathrm{d}\Delta p}{\mathrm{d}x}\right)^2 - \frac{2}{3\alpha}\frac{\mathrm{d}}{\mathrm{d}x}(\Delta p)^3 = 0,$$

Daraus folgt

$$\left(\frac{\mathrm{d}\Delta p}{\mathrm{d}x}\right)^2 - \frac{2}{3\alpha D_p}(\Delta p)^3 = \text{const}. \tag{1}$$

Da bei $x \to \infty$ sowohl $\Delta p \to 0$ als auch $\frac{\mathrm{d}\Delta p}{\mathrm{d}x} \to 0$ gehen, muß const $= 0$ sein. Wenn man berücksichtigt, daß sich die Konzentration der Überschußträger mit zunehmender Entfernung vom Punkt $x = 0$ verringert, finden wir aus der Gleichung (1)

$$\Delta p(x) = \frac{\Delta p(0)}{\left(1 + \frac{x}{x_0}\right)^2},$$

wobei

$$x_0 = \left[\frac{6 a D_p}{\Delta p(0)}\right]^{1/2}$$

ist.

53. Die Kontinuitätsgleichung hat die Form

$$D \frac{\mathrm{d}^2 \Delta p}{\mathrm{d}x^2} - E\mu \frac{\mathrm{d}\Delta p}{\mathrm{d}x} - \frac{\Delta p}{\tau_0} = 0,$$

wobei

$$D = \frac{n_0 + p_0}{\frac{n_0}{D_p} + \frac{n_0}{D_n}}, \qquad \mu = \frac{n_0 - p_0}{\frac{n_0}{\mu_p} + \frac{p_0}{\mu_n}}$$

ist. Für ein starkes elektrisches Feld E > 0 haben wir als Lösung

$$\Delta p(x) = \Delta p(0) e^{x/L_E}.$$

Hierbei ist

$$L_E = E \mu_p \tau_p.$$

Für den Löcherstrom im Punkt $x = 0$ gilt:

$$j_p|_{x=0} = \gamma j = [e\mu_p(p_0 + \Delta p)E]_{x=0} + \frac{eD_p}{L_E}\Delta p(0)$$

oder, wenn wir die Diffusion im Vergleich zur Drift vernachlässigen,

$$j_p\,|_{x=0} = \gamma j = e\mu_p(p_0 + \Delta p)E\,|_{x=0}. \tag{1}$$

Die Gesamtstromdichte wird somit

$$j = j_n + j_p = e\mu_n(n_0 + \Delta n)E + e\mu_p(p_0 + \Delta p)E.$$

Hieraus folgt

$$E|_{x=0} = \frac{j}{e\mu_p[bn_0 + p_0 + (b+1)\Delta p(0)]}. \tag{2}$$

Setzen wir (2) in (1) ein, so erhalten wir

$$\gamma j = j\,\frac{p_0 + \Delta p(0)}{bn_0 + p_0 + (b+1)\Delta p(0)} \approx j\,\frac{p_0 + \Delta p(0)}{bn_0 + p_0}$$

und

$$\gamma = \frac{p_0}{bn_0 + p_0} + \frac{\Delta p(0)}{bn_0 + p_0},$$

woraus sich

$$\Delta p(0) = \gamma(bn_0 + p_0) - p_0$$

ergibt. Für unseren Fall ist

$$\Delta p(0) = -0{,}11 \cdot 10^{13}\ \mathrm{cm}^{-3}.$$

Wenn $\gamma = \gamma_0 = \dfrac{p_0}{bn_0 + p_0}$ ist, so folgt aus Formel (3) $\Delta p(0) = 0$. Ein solcher Kontakt wird ohmsch genannt. Wenn in einem schwach dotierten Elektronenhalbleiter die Bedingung $\gamma > \gamma_0 = \dfrac{p_0}{bn_0 + p_0}$ gilt, nehmen die Minoritätsträger im Kontaktgebiet stark ab. Diese Erscheinung wird als Feldverdrängung der Stromträger bezeichnet.

54. Die Ausgangsgleichung ist die gleiche wie in der vorhergehenden Aufgabe; anders ist die Verteilung $p(x)$ (siehe Aufgabe 49):

$$\Delta p = \Delta p(0)\exp\left(-\frac{e|E|x}{kT}\right). \tag{1}$$

Der Löcherstrom im Punkt $x = 0$ ist

$$j_p(0) = \gamma j = -e[p_0 + \Delta p(0)]\mu_p|E| - eD_p \left.\frac{d\Delta p}{dx}\right|_{x=0}$$

oder, unter Berücksichtigung von (1),

$$j_p(0) = \gamma j = -ep_0\mu_p|E|. \tag{2}$$

Der Elektronenstrom im Punkt $x = 0$ ist

$$\begin{aligned} j_n(0) &= -e[n_0 + \Delta p[0)]\mu_n|E| - \frac{eD_n}{kT}\Delta p(0)e|E| \\ &= -e[n_0 + 2\Delta p(0)]b\mu_p|E|. \end{aligned} \tag{3}$$

Wenn wir (2) und (3) summieren, ergibt sich

$$\gamma = \frac{j_p(0)}{j} = \frac{p_0}{bn_0 + p_0 + 2b\Delta p(0)}.$$

Hieraus folgt

$$\Delta p(0) = \frac{(1-\gamma)p_0 - \gamma b n_0}{2b\gamma}.$$

Unter der Bedingung $\gamma \ll 1$ erhalten wir

$$\Delta p(0) = \frac{p_0 - \gamma b n_0}{2b\gamma}.$$

Für unseren Fall ist

$$\Delta p(0) = 2{,}9 \cdot 10^{12}\ \mathrm{cm}^{-3}.$$

An einem schwach dotierten Elektronenhalbleiter, an dem im Punkt $x = 0$ ein starkes negatives elektrisches Feld angelegt ist (d. h., das Feld ist so gerichtet, daß sich die Löcher zur Elektrode im Punkt $x = 0$ bewegen), werden bei kleinen Injektionskoeffizienten γ in der Nähe der Elektrode Minoritätsträger (Löcher) angehäuft.

55. Die Kontinuitätsgleichung

$$D_p \frac{d^2\Delta p}{dx^2} - \frac{\Delta p}{\tau_p} = 0$$

hat die Lösung

$$\Delta p = \Delta p(0) e^{-x/L_p}.$$

Da

$$\Delta p_1 = \Delta p(0) e^{-x_1/L_p}, \quad \Delta p_2 = \Delta p(0) e^{-x_2/L_p}$$

ist, finden wir

$$\frac{\Delta p_1}{\Delta p_2} = e^{\frac{x_1 - x_2}{L_p}}, \qquad L_p = \frac{x_2 - x_1}{\ln(\Delta p_1/\Delta p_2)} = 0{,}1 \text{ cm}.$$

56. Die Spannung V_H und das Feld E_y werden aus der Bedingung $j_y = 0$ bestimmt. Unter Vernachlässigung der Glieder mit H^2 in Gleichung (4.1) erhalten wir

$$j_x = e n_0 \mu_n E_x,$$

$$j_y = 0 = e n_0 \mu_n \left(E_y + \frac{\mu_{nH}}{c} E_x H\right).$$

Hieraus ergibt sich

$$E_y = -\frac{\mu_{nH} H}{c} E_x = -\frac{\mu_{nH} H}{c} \frac{j_x}{e n_0 \mu_n}$$

und

$$R = R_0 = -\frac{\mu_{nH}}{\mu_n} \frac{1}{n_0 e} = 7{,}38 \cdot 10^3 \text{ cm}^3/\text{C},$$

$$V_H = -\frac{\mu_{nH}}{\mu_n} \frac{a j_x H}{n_0 e c} = 3{,}7 \cdot 10^{-3} \text{ V}.$$

57. Unter Vernachlässigung aller Glieder der Größenordnung H^3 folgt aus Gleichung (4.2) $\left(\beta = \frac{\mu_{pH} H}{c}\right)$

$$E_y = \beta E_x, \quad j_{px} = p e \mu_p E_x [1 - \beta^2(\eta_p - 1)].$$

Hieraus ist infolge der geringen relativen Änderung von $\varrho = \frac{1}{\sigma}$

$$-\frac{\Delta\sigma}{\sigma_0} = \frac{\Delta p}{p_0} = (\eta_p - 1)\beta^2, \qquad \beta^2 = \left(\frac{\mu_{pH} H}{c}\right)^2 = 8 \cdot 10^{-3}$$

und $\eta_p = 1{,}3$. Gemäß Formel (4.3) ist $R_0 = \dfrac{c\beta}{\sigma_0 H}$ und deshalb $R_0^2\sigma_0^2 \dfrac{H^2}{c^2} = \beta^2$. Nach Definition (4.5) ergibt sich somit

$$\xi_p = \eta_p - 1 = 0{,}3\,.$$

Dieser Wert ist für die Streuung von Löchern an akustischen Phononen charakteristisch.

58. Wir betrachten die y-Komponenten aus der Summe der Gleichungen (4.1) und (4.2):

$$0 = j_{ny} + j_{py} = e(n\mu_n + p\mu_p)E_y + e(n\mu_n\mu_{nH} - p\mu_p\mu_{pH})\,\frac{E_xH}{c}\,.$$

Hieraus folgt

$$E_y = \frac{p - nb^2}{p + nb}\,\frac{\mu_{pH}H}{c}\,E_x.$$

Gemäß Formel (4.3) ist

$$R = \frac{cE_y}{\sigma_0 E_x H} = \frac{cE_y}{H(ne\mu_n + pe\mu_p)E_x}$$

$$= \frac{cE_y}{HE_x}\,\frac{1}{e\mu_p(p + nb)} = \frac{p - nb^2}{(p + nb)^2}\,\frac{\mu_{pH}}{\mu_p}\,\frac{1}{e}.$$

Aus der Neutralitätsbedingung bestimmen wir n und p:

$$p = n + N_A = \frac{n_i^2}{p} + N_A.$$

Somit ergibt sich

$$p = \frac{N_A}{2} + \sqrt{\frac{N_A^2}{4} + n_i^2} = 5{,}47\cdot 10^{16}\ \mathrm{cm}^{-3}.$$

Das Vorzeichen der Wurzel entspricht der Bedingung $p > 0$. Demnach ist

$$n = 0{,}47\cdot 10^{16}\ \mathrm{cm}^{-3},$$

und als Endresultat erhalten wir

$$R = -1\,190\ \mathrm{cm^3/C}.$$

59*. Bei $R = 0$ wird $E_y = 0$, und wir finden deshalb aus den Formeln (4.6) und (4.7)

$$0 = j_{ny} + i_{py} = \frac{n e b \mu_p}{1 + b^2\beta^2}\, b\beta E_x - \frac{p e \mu_p}{1 + \beta^2}\, \beta E_x,$$

$$\frac{n b^2}{1 + b^2\beta^2} = \frac{p}{1 + \beta^2}, \qquad \frac{p}{n} = \frac{b^2(1 + \beta^2)}{1 + b^2\beta^2} = 25{,}3.$$

Für kleine β folgt aus der Bedingung $j_y = 0$

$$\frac{R_0\sigma_0 H}{c} = \frac{E_y}{E_x} = \frac{p - nb^2}{p + nb}\,\beta.$$

Die x-Komponente der Summe der Ausdrücke (4.6) und (4.7) ist

$$j_x = n e \mu_n E_x \left(1 - b^2\beta^2 - \frac{p - nb^2}{p + nb}\,\beta^2 b\right)$$

$$+ p e \mu_p E_x \left(1 - \beta^2 + \beta^2\,\frac{p - nb^2}{p + nb}\right).$$

Hieraus ergibt sich

$$\frac{\Delta\sigma}{\sigma_0} = -\,\frac{p n \beta^2 (1 + b)^2 b}{(p + nb)^2},$$

$$\xi = -\,\frac{\Delta\sigma}{\sigma_0}\left(\frac{c}{R_0\sigma_0 H}\right)^2 = \frac{npb(1 + b)^2}{(p - nb^2)^2}$$

$$= \frac{\dfrac{p}{n}\, b\,(1 + b)^2}{\left(\dfrac{p}{n} - b^2\right)^2} = 0{,}95.$$

60. Wenn wir die Gleichung (4.12) über x von $x = 0$ bis $x = d$ integrieren (s. Abb. 5), erhalten wir

$$0 = \sigma_0 d E_y + \frac{eH(\mu_{nH} + \mu_{pH})}{c} D_p \Delta n(0).$$

Da es sich um einen kubischen Würfel handelt, ist $dE_y = V_{\text{PEM}}$ und

$$V_{\text{PEM}} = -\varrho_0 e\beta(1 + b) D_p \Delta n(0) = 2{,}5 \cdot 10^{-4}\,\text{V}.$$

61. In diesem Fall wird die PEM-Spannung durch die Änderung des Spannungsabfalles auf Grund der Photoleitfähigkeit kompensiert. Bei Integration der Gleichung (4.12) behalten wir nur die Summanden der Ordnung

$$\Delta n = \Delta p = \Delta n(0) \exp(-x/L_n)$$

bei, durch die der Einfluß der Anregung an der Fläche $x = 0$ berücksichtigt wird. Somit erhalten wir

$$0 = eE_{1y}(\mu_n + \mu_p)\Delta n(0) L_n + \frac{eH}{c}(\mu_{nH} + \mu_{pH}) D_n \Delta n(0).$$

Daraus folgt

$$\tau = \left(\frac{H}{c}\frac{\mu_{nH} + \mu_{pH}}{\mu_n + \mu_p}\frac{1}{E_{1y}}\right)^2 D_n = 5 \cdot 10^{-7}\,\text{s}.$$

62. Aus den Gleichungen (4.8)—(4.12) folgt für eine hinreichend dicke n-Probe

$$\Delta n(x) = \Delta n(0) e^{-x/L_p}, \quad \Delta p(x) = \frac{\tau_p}{\tau_n}\Delta n(x), \quad L_p = \sqrt{D_p \tau_p}.$$

Da die Abweichung vom Gleichgewicht klein ist, errechnet sich hieraus

$$\delta = \frac{1}{d\sigma_0}\int_0^d \Delta\sigma(x)\,\mathrm{d}x = \frac{\Delta n(0)}{n_0}\frac{L_p}{d}\left(1 + \frac{\tau_p}{b\tau_n}\right). \qquad (1)$$

Außerdem kann man die Gleichung (4.12) für unseren Fall in folgender Form niederschreiben:

$$j_y = \frac{V_{\mathrm{PEM}}}{a}\,\sigma_0 + e\beta\,(1 + b)\,D_n\,\frac{\tau_p}{\tau_n}\,\frac{\mathrm{d}\Delta n}{\mathrm{d}x}.$$

Der Gesamtstrom in y-Richtung ist Null, und deshalb finden wir V_{PEM} nach Integration zu

$$V_{\mathrm{PEM}} = \frac{a}{d}\,\frac{(1 + b)\,D_p}{\mu_n}\,\frac{\Delta n(0)}{n_0}\,\frac{\tau_p}{\tau_n}, \qquad \frac{\tau_p}{\tau_n} = 10.$$

Setzen wir dieses Resultat in (1) ein, so erhalten wir

$$\tau_p = \frac{1}{D_p}\left[\frac{\delta \cdot d}{1 + \dfrac{\tau_p}{b\,\tau_n}}\,\frac{n_0}{\Delta n(0)}\right]^2 = 10^{-5}\ \mathrm{s}, \quad \tau_n = 10^{-6}\ \mathrm{s}.$$

63. Wir gehen von der POISSON-Gleichung

$$\frac{\mathrm{d}^2\varphi}{\mathrm{d}x^2} = -\,\frac{4\pi\varrho}{\varepsilon},$$

$$\varrho = e\,[p(x) - n(x)] \tag{1}$$

aus, wobei für $n(x)$ und $p(x)$

$$p(x) = n_i e^{-e\varphi(x)/kT}, \quad n = n_i e^{e\varphi(x)/kT} \tag{2}$$

gilt. Hierbei ist n_i die Elektronenkonzentration (oder Löcherkonzentration) im Volumen außerhalb des Raumladungsgebietes. Setzen wir (2) in die POISSON-Gleichung (1) ein, so ergibt sich

$$\frac{\mathrm{d}^2\varphi}{\mathrm{d}x^2} = -\,\frac{4\pi e}{\varepsilon}\,n_i\,(e^{-e\varphi/kT} - e^{e\varphi/kT}) \approx \frac{8\pi e^2 n_i}{\varepsilon k T}\,\varphi.$$

Da

$$L_D = \sqrt{\frac{\varepsilon k T}{8\pi e^2 n_i}}$$

ist, erhalten wir

$$\frac{d^2\varphi}{dx^2} - \frac{\varphi}{L_D^2} = 0. \tag{2}$$

Da das Potential nur bis auf eine Konstante bestimmt ist, kann man annehmen, daß es im Inneren der Probe Null wird. Weiterhin muß die Normalkomponente des Vektors der dielektrischen Verschiebung stetig sein (es sind keine Oberflächenladungen vorhanden). Deshalb haben die Randbedingungen folgende Form (siehe Abb. 6):

$$\begin{cases} \varphi = 0, & x \to \infty, \\ E = -\varepsilon \dfrac{d\varphi}{dx}, & x = 0. \end{cases}$$

Die Lösung von (3) ist

$$\varphi(x) = C_1 e^{-x/L_D} + C_2 e^{x/L_D}.$$

Aus den Randbedingungen finden wir

$$C_2 = 0, \qquad C_1 = \frac{E L_D}{\varepsilon},$$

$$\varphi(x) = \frac{E L_D}{\varepsilon} e^{-x/L_D}.$$

Auf Grund von (5.1) und (4) ergibt sich

$$\begin{cases} E_c = E_{c0} - \dfrac{e L_D E}{\varepsilon} e^{-xL_D}, \\ E_v = E_{v0} - \dfrac{e L_D E}{\varepsilon} e^{-x/L_D}. \end{cases}$$

Der Potentialsprung an der Oberfläche ist somit

$$\Delta\varphi = \frac{E L_D}{\varepsilon} = 0{,}76\ \text{mV}.$$

64. Analog zur vorhergehenden Aufgabe erhalten wir

$$\frac{d^2\varphi}{dx^2} - \frac{\varphi}{L_D^2} = 0,$$

wobei $L_D = \sqrt{\dfrac{\varepsilon kT}{8\pi e^2 n_i}}$ ist. Die Randbedingungen sind (Abb. 19):

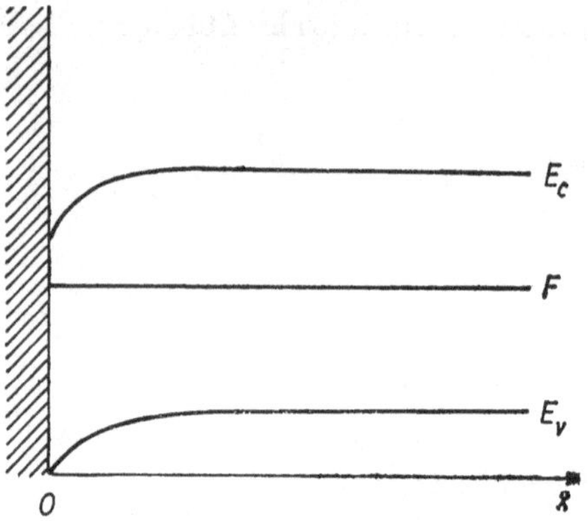

Abb. 19

$$\varphi = 0, \qquad x \to \infty,$$

$$E = \frac{4\pi Q_s}{\varepsilon}, \quad x = 0,$$

wobei $Q_s = eN$ ist.

Die Lösung für φ hat die Form

$$\varphi(x) = C_1 e^{-x/L_D} + C_2 e^{x/L_D}.$$

Unter Verwendung der Randbedingungen finden wir

$$C_2 = 0, \qquad C_1 = \frac{4\pi e N L_D}{\varepsilon}.$$

Schließlich erhalten wir

$$\varphi = \frac{4\pi e N}{\varepsilon} e^{-x/L_D}, \qquad \Delta\varphi = \frac{4\pi e N L_D}{\varepsilon} = 8{,}6\ \mathrm{mV}.$$

65. Aus der Randbedingung ergibt sich (s. Abb. 7)

$$E = \frac{4\pi e N}{\varepsilon}.$$

Die Größe φ_0 finden wir aus der Neutralitätsbedingung für die gesamte Probe:

$$N = \int_0^\infty [n(x) - p(x)]\, dx,$$

wobei

$$n(x) = n_i e^{e\varphi/kT}, \qquad p(x) = n_i e^{-e\varphi/kT}$$

ist. Somit folgt

$$N = 2n_i \int_0^{\varphi_0/E} \sinh\left[\frac{e(\varphi_0 - Ex)}{kT}\right] \mathrm{d}x.$$

Mit der Abkürzung $\dfrac{e(\varphi_0 - Ex)}{kT} = y$ finden wir

$$N = -\frac{2n_i kT}{eE} \int_{e\varphi_0/kT}^{0} \sinh y\, \mathrm{d}y = -\frac{2n_i kT}{eE} \cosh y \Big|_{e\varphi_0/kT}^{0}$$

$$= \frac{n_i kT}{eE} \left(e^{e\varphi_0/kT} - 2 + e^{-e\varphi_0/kT}\right).$$

Unter der Annahme, daß die Bedingung $\dfrac{e\varphi_0}{kT} \gg 1$ gilt, haben wir

$$e^{e\varphi_0/kT} \approx \frac{4\pi e^2 N^2}{\varepsilon k T n_i},$$

woraus sich

$$e\varphi_0 = kT \ln \frac{4\pi e^2 N^2}{\varepsilon k T n_i} = 0{,}32\ \mathrm{eV}$$

ergibt.

66. Die Änderung der Austrittsarbeit ist gleich der Größe der Bänderverbiegung an der Oberfläche (siehe Abb. 8):

$$\Delta\Phi = -e\varphi .$$

Im betrachteten Fall ist φ der Potentialsprung der Doppelschicht $\varphi = 4\pi m$ und m die Belegung der Doppelschicht ($m = Nd$, $d = el$, l ist die Dipollänge des Moleküls), d. h.

$$\varphi = 4\pi N d .$$

Daraus folgt

$$\Delta\Phi = -4\pi e N d = -3{,}78 \cdot 10^{-3}\,\mathrm{eV} .$$

67*. Wir gehen von der POISSON-Gleichung

$$\frac{d^2\varphi}{dx^2} = -\frac{4\pi\varrho}{\varepsilon}, \quad \varrho = e[N_D - N_A + p(x) - n(x)]$$

aus. Die Randbedingungen sind:

$$\begin{cases} \varphi\,|_{x\to\infty} = 0, & \left.\dfrac{d\varphi}{dx}\right|_{x\to\infty} = 0, \\ \varphi\,|_{x=0} = \varphi_s > 0 . \end{cases}$$

Für das Volumen des Halbleiters haben wir

$$N_D - N_A = n - p,$$

wobei n und p die Konzentrationen der Elektronen und Löcher im Volumen sind und

$$n(x) = n e^{e\varphi/kT}, \quad p(x) = p e^{-e\varphi/kT}$$

gilt. Hieraus folgt

$$\varrho = en(1 - e^{e\varphi/kT}) + ep(e^{-e\varphi/kT} - 1) .$$

Da aber $np = n_i^2$, d.h. $\dfrac{n}{n_i} = \dfrac{n_i}{p} = \gamma$ ist, ergibt sich

$$\varrho = en_i[\gamma(1 - e^{e\varphi/kT}) + \gamma^{-1}(e^{-e\varphi/kT} - 1)] .$$

Mit der Bezeichnung $\psi = \frac{e\varphi}{kT}$ nimmt die POISSON-Gleichung folgende Form an:

$$\frac{d^2\psi}{dx^2} = -\frac{4\pi e^2 n_i}{\varepsilon k T}\left[\gamma(1 - e^{\psi}) + \gamma^{-1}(e^{-\psi} - 1)\right].$$

Wenn wir mit $2\,d\psi/dx$ multiplizieren und über ψ integrieren, so erhalten wir

$$\left(\frac{d\psi}{dx}\right)^2 = -\frac{1}{L_D^2}(\gamma\psi - \gamma e^{\psi} - \gamma^{-1}e^{-\psi} - \gamma^{-1}\psi) + C,$$

wobei $\frac{1}{L_D^2} = \frac{8\pi e^2 n_i}{\varepsilon k T}$ gilt und L_D die DEBYE-Länge ist. Die Konstante C bestimmen wir aus der Randbedingung, daß bei $x \to \infty$ sowohl $\psi \to 0$ als auch $\frac{d\psi}{dx} \to 0$ gehen müssen. Für die Konstante ergibt sich

$$C = -\frac{1}{L_D^2}(\gamma + \gamma^{-1}).$$

Somit ist

$$\left(\frac{d\psi}{dx}\right)^2 = \frac{1}{L_D^2}\left[\gamma(e^{\psi} - 1) + \gamma^{-1}(e^{-\psi} - 1) + \psi(\gamma^{-1} - \gamma)\right],$$

woraus

$$\frac{d\varphi}{dx} = \pm\frac{kT}{e}\frac{1}{L_D} \times \sqrt{\gamma(e^{e\varphi/kT} - 1) + \gamma^{-1}(e^{-e\varphi/kT} - 1) + \frac{e\varphi}{kT}(\gamma^{-1} - \gamma)}$$

folgt. Das Pluszeichen entfällt, da $\frac{d\varphi}{dx} > 0$ gilt, d. h., das Potential nimmt mit zunehmendem x ab. Bei $x = 0$ hat die Randbedingung die Form

$$\varepsilon E\,|_{x=0} = 4\pi Q_s,$$

wobei $E|_{x=0} = -\left.\frac{d\varphi}{dx}\right|_{x=0}$ und Q_S die Flächenladungsdichte an der Oberfläche ist. Hieraus finden wir

$$E|_{x=0}$$
$$= \frac{kT}{eL_D}\sqrt{\gamma(e^{e\varphi_S/kT}-1)+\gamma^{-1}(e^{-e\varphi_S/kT}-1)+\frac{e\varphi_S}{kT}(\gamma^{-1}-\gamma)},$$

$$Q_s = 2en_iL_D$$
$$\times\sqrt{\gamma(e^{e\varphi_S/kT}-1)+\gamma^{-1}(e^{-e\varphi_S/kT}-1)+\frac{e\varphi_s}{kT}(\gamma^{-1}-\gamma)}.$$

68*. Aus Aufgabe 67* folgt

$$Q_s = 2en_iL_D$$
$$\times\sqrt{\gamma(e^{e\varphi_S/kT}-1)+\gamma^{-1}(e^{-e\varphi_S/kT}-1)+\frac{e\varphi_s}{kT}(\gamma^{-1}-\gamma)},$$

$$\frac{1}{L_D^2} = \frac{8\pi e^2 n_i}{\varepsilon kT}, \quad \gamma = \frac{n}{n_i}.$$

Nach der Aufgabenstellung ist $\frac{n}{n_i} \gg 1$ und $\frac{e\varphi_s}{kT} \gg 1$. Somit ergibt sich

$$Q_s \approx 2en_iL_D\sqrt{\gamma e^{e\varphi_S/kT}} = \left(\frac{\varepsilon kTn}{2\pi}\right)^{1/2} e^{e\varphi_S/2kT}.$$

Da $Q_s = eN$ ist, erhalten wir

$$\frac{e\varphi_s}{2kT} = \ln\left[eN\left(\frac{2\pi}{\varepsilon kTn}\right)^{1/2}\right] = 5{,}14.$$

Folglich ist

$$e\varphi_s = 0{,}27 \text{ eV}.$$

69. Wenn die Bänder nach unten gekrümmt sind, ist $\varphi > 0$ und umgekehrt. Deshalb muß man in der Lösung von 67* die Substitution $\varphi_s \to -\varphi_s$ vornehmen:

$$Q_s = 2en_i L_D$$

$$\times \sqrt{\gamma(e^{-e\varphi_s/kT} - 1) + \gamma^{-1}(e^{e\varphi_s/kT} - 1) + \frac{e\varphi_s}{kT}(-\gamma^{-1} + \gamma)}.$$

Hierbei ist φ_s die absolute Größe der Bänderverbiegung, $\frac{1}{L_D^2} = \frac{8\pi e^2 n_i}{\varepsilon kT}$, $\gamma = \frac{n}{n_i} \gg 1$ und $\frac{e\varphi_s}{kT} = 10 \gg 1$. Deshalb folgt

$$Q_s \approx 2en_i L_D \sqrt{-\gamma + \gamma^{-1} e^{e\varphi_s/kT} + \gamma \frac{e\varphi_s}{kT}}$$

$$\approx 2en_i L_D \gamma^{1/2}\left(\frac{e\varphi_s}{kT}\right)^{1/2} = \left(\frac{\varepsilon n e \varphi_s}{2\pi}\right)^{1/2} = 3{,}37 \cdot 10^{-8}\ \mathrm{As/cm^2}.$$

Hieraus ergibt sich

$$N = \frac{Q_s}{e} = 2{,}1 \cdot 10^{11}\ \mathrm{cm^{-2}}.$$

70*. In diesem Fall wird die Oberflächenleitfähigkeit [vgl. mit Formel (5.10)] durch die Beziehung

$$G \approx e\mu_p^* \int_0^\infty [p(x) - p]\,\mathrm{d}x$$

gegeben, wobei

$$p(x) = p e^{\frac{e\varphi}{kT}}, \qquad \varphi > 0,$$

ist und somit folgt

$$G = e\mu_p^* \int_0^\infty p(e^{e\varphi/kT} - 1)\,\mathrm{d}x = -e\mu_p^* p \int_0^{\varphi_s} \frac{e^{e\varphi/kT} - 1}{\frac{\mathrm{d}\varphi}{\mathrm{d}x}}\,\mathrm{d}\varphi. \quad (1)$$

Die Randbedingungen sind:

$$\begin{cases} \varphi\,|_{x=0} = \varphi_s, & e\varphi_s = 0{,}25\ \mathrm{eV}; \\ \varphi\,|_{x\to\infty} = 0. \end{cases}$$

Die POISSON-Gleichung hat folgende Form:

$$\frac{\mathrm{d}^2\varphi}{\mathrm{d}x^2} = \frac{4\pi e}{\varepsilon}\,[p(x) - N_A], \qquad N_A = p$$

oder

$$\frac{\mathrm{d}^2\varphi}{\mathrm{d}x^2} = \frac{4\pi e}{\varepsilon}\,p\,(e^{e\varphi/kT} - 1),$$

und folglich ist

$$\left(\frac{\mathrm{d}\varphi}{\mathrm{d}x}\right)^2 = \frac{8\pi e p}{\varepsilon}\int (e^{e\varphi/kT} - 1)\,\mathrm{d}\varphi$$

$$= \frac{8\pi e p}{\varepsilon}\left(\frac{kT}{e}\,e^{e\varphi/kT} - \varphi + C\right).$$

Bei $x \to \infty$ strebt $\frac{\mathrm{d}\varphi}{\mathrm{d}x} \to 0$, $\varphi \to 0$, und demnach ist $C = -\frac{kT}{e}$.
Wir erhalten somit

$$\frac{\mathrm{d}\varphi}{\mathrm{d}x} = -\sqrt{\frac{8\pi p kT}{\varepsilon}\left(e^{e\varphi/kT} - \frac{e\varphi}{kT} - 1\right)}. \tag{2}$$

Wenn wir die Formel (2) in die Beziehung (1) einsetzen, ergibt sich

$$G = e\mu^* p \int\limits_0^{\varphi_S} \frac{(e^{e\varphi/kT} - 1)\,\mathrm{d}\varphi}{\sqrt{\frac{8\pi p kT}{\varepsilon}\left(e^{e\varphi/kT} - \frac{e\varphi}{kT} - 1\right)}}.$$

Da nach der Aufgabenstellung $\frac{e\varphi_s}{kT} = 10 \gg 1$ ist, wird das

Integral im wesentlichen durch die Werte von φ in der Nähe von φ_s bestimmt, und deshalb ist

$$G \approx e\mu_p^* p \sqrt{\frac{\varepsilon}{8\pi p k T}} \int_0^{\varphi_s} \frac{(e^{e\varphi/kT} - 1)}{e^{e\varphi/2kT}} \, d\varphi .$$

Hieraus findet man

$$G = e\mu_p^* p \sqrt{\frac{\varepsilon \cdot 4 (kT)^2}{8\pi p k T e^2}} \, e^{e\varphi_s/2kT} = \sqrt{2}\, L_D e \mu_p^* p e^{e\varphi_s/2kT} ,$$

wobei $L_D = \sqrt{\frac{\varepsilon k T}{4\pi e^2 p}}$ ist. Wenn man die gegebenen Werte einsetzt, erhält man als Resultat

$$G = 4{,}4 \cdot 10^{-5}\, \Omega^{-1} .$$

71*. Die Oberflächenleitfähigkeit ist [s. Formel (5.10) und (5.9)]

$$G = e\mu_n \Delta N + e\mu_p \Delta P$$

$$= e\mu_n \int_0^\infty (n_i e^{e\varphi/kT} - n_i)\, dx + e\mu_p \int_0^\infty (n_i e^{-e\varphi/kT} - n_i)\, dx$$

oder, da nach der Aufgabenstellung $\frac{e\varphi}{kT} \ll 1$ gilt,

$$G \approx e\mu_n n_i \int_0^\infty \frac{e\varphi}{kT}\, dx - e\mu_p n_i \int_0^\infty \frac{e\varphi}{kT}\, dx$$

$$= \frac{e^2 \mu_n n_i}{kT} (1 - b^{-1}) \int_0^\infty \varphi\, dx. \tag{1}$$

Die Abhängigkeit $\varphi(x)$ finden wir aus der Lösung der Poisson-Gleichung

$$\frac{d^2\varphi}{dx^2} = -\frac{4\pi\varrho}{\varepsilon} \quad \text{oder} \quad \frac{d^2\varphi}{dx^2} = -\frac{4\pi e}{\varepsilon}\,[p(x) - n(x)]. \tag{2}$$

Die Randbedingungen sind:

$$\begin{cases} \varphi = \varphi_s, & x = 0, \\ \varphi = 0, & x \to \infty. \end{cases}$$

Wenn wir in (2) den Ausdruck für die Elektronen- oder Löcherkonzentration im Raumladungsgebiet einsetzen, ergibt sich

$$\frac{d^2\varphi}{dx^2} = -\frac{4\pi e n_i}{\varepsilon}\left(e^{-e\varphi/kT} - e^{e\varphi/kT}\right) \approx \frac{8\pi e^2 n_i}{\varepsilon k T}\varphi$$

oder

$$\frac{d^2\varphi}{dx^2} = \frac{\varphi}{L_D^2},$$

wobei

$$L_D = \sqrt{\frac{\varepsilon k T}{8\pi e^2 n_i}}$$

ist. Die Lösung dieser Gleichung hat die Form

$$\varphi = \varphi_s e^{-x/L_D}.$$

Setzen wir sie in (1) ein, ergibt sich

$$G = \frac{e^2 \mu_n n_i L_D \varphi_s (1 - b^{-1})}{kT},$$

und somit folgt

$$\varphi_s = G \frac{kT}{e^2 \mu_n n_i L_D (1 - b^{-1})} = \frac{8\pi G L_D}{\varepsilon \mu_n (1 - b^{-1})} = 5{,}4\ \text{mV}.$$

72. Die Randbedingung der POISSON-Gleichung im Punkt $x = 0$ lautet

$$4\pi Q_s = \varepsilon_1 E_1 - \varepsilon_2 E_2,$$

wobei $E_1 = E$ das äußere elektrische Feld $\varepsilon_1 = 1$, $E_2 = -\left.\frac{d\varphi}{dx}\right|_{x=0}$ und $\varepsilon_2 = \varepsilon = 16$ ist. Die POISSON-Gleichung hat die Form

$$\frac{d^2\varphi}{dx^2} = -\frac{4\pi\varrho}{\varepsilon}, \quad \varrho = e(n - n e^{e\varphi/kT}),$$

wobei $n = N_D$ ist, oder, da $\frac{e\varphi}{kT} \ll 1$ gilt,

$$\frac{d^2\varphi}{dx^2} \approx \frac{4\pi e^2 n\varphi}{\varepsilon kT} = \frac{\varphi}{L_D^2}.$$

Wenn wir diese Gleichung mit den Randbedingungen

$$\begin{cases} x = 0, & \varphi = \varphi_s, \\ x \to \infty, & \varphi \to 0 \end{cases}$$

integrieren, ergibt sich

$$\varphi = \varphi_s e^{-x/L_D}.$$

Daraus folgt

$$\int_0^\infty \varphi \, dx = \varphi_s L_D.$$

Die Oberflächenleitfähigkeit ist gegeben durch

$$G = e\mu_n \int_0^\infty [n(x) - n] \, dx + e\mu_p \int_0^\infty [p(x) - p] \, dx.$$

Den zweiten Summanden kann man hierbei vernachlässigen, da $n \gg p$ und $n(x) \gg p(x)$ ist (die Bänder sind nach unten gekrümmt). Unter Verwendung von Formel (2) erhalten wir

$$G = e\mu_n n \int_0^\infty \frac{e\varphi}{kT} \, dx = e\mu_n n \frac{e\varphi_s}{kT} L_D.$$

Hieraus findet man

$$\varphi_s = \frac{G \cdot \frac{kT}{e}}{e\mu_n n L_D} = \frac{G L_D \cdot 4\pi}{\varepsilon \mu_n} = 3{,}9 \cdot 10^{-3}\,\mathrm{V}.$$

Die Ladung in den Oberflächenzuständen finden wir aus der Randbedingung (1) zu:

$$Q_s = eN = \frac{E - \varepsilon \dfrac{\varphi_s}{L_D}}{4\pi},$$

woraus

$$N = 1{,}1 \cdot 10^9 \text{ cm}^{-2}$$

folgt.

73. Die Bedingung der Neutralität der gesamten Probe lautet

$$\int\limits_0^\infty \varrho(x)\,\mathrm{d}x + Q_s = 0 \quad \text{mit} \quad Q_s = eN. \tag{1}$$

Die Randbedingungen für die POISSON-Gleichung $\dfrac{\mathrm{d}^2\varphi}{\mathrm{d}x^2} = -\dfrac{4\pi}{e}\varphi$ sind:

$$\left.\frac{\mathrm{d}\varphi}{\mathrm{d}x}\right|_{x\to\infty} = 0, \quad \varphi\,|_{x\to\infty} = 0.$$

Um den Zusammenhang zwischen dem Oberflächenpotential φ_s und der Oberflächenladungsdichte Q_s zu finden, integrieren wir die POISSON-Gleichung zweimal, zuerst über x und dann über φ:

$$\int\limits_0^\infty \varrho\,\mathrm{d}x = -\frac{\varepsilon}{4\pi}\int\limits_0^\infty \frac{\mathrm{d}^2\varphi}{\mathrm{d}x^2}\,\mathrm{d}x = -\frac{\varepsilon}{4\pi}\int\limits_0^\infty \frac{\mathrm{d}}{\mathrm{d}x}\left(\frac{\mathrm{d}\varphi}{\mathrm{d}x}\right)\mathrm{d}x$$

$$= \frac{\varepsilon}{4\pi}\left.\left(\frac{\mathrm{d}\varphi}{\mathrm{d}x}\right)\right|_{x=0},$$

$$\int\limits_{\varphi_s}^0 \varrho\,\mathrm{d}\varphi = -\frac{\varepsilon}{4\pi}\int\limits_{\varphi_s}^0 \frac{\mathrm{d}^2\varphi}{\mathrm{d}x^2}\,\mathrm{d}\varphi = -\frac{\varepsilon}{8\pi}\int\limits_0^\infty \frac{\mathrm{d}}{\mathrm{d}x}\left(\frac{\mathrm{d}\varphi}{\mathrm{d}x}\right)^2\mathrm{d}x$$

$$= \frac{\varepsilon}{8\pi}\left.\left(\frac{\mathrm{d}\varphi}{\mathrm{d}x}\right)^2\right|_{x=0},$$

Aus diesen Beziehungen erhalten wir

$$\int_0^\infty \varrho(x)\,\mathrm{d}x = \sqrt{\frac{\varepsilon}{2\pi}\int_{\varphi_S}^0 \varrho\,\mathrm{d}\varphi}. \tag{2}$$

Setzen wir (2) in (1) ein, ergibt sich

$$\frac{2\pi Q_s^2}{\varepsilon} = \int_{\varphi_S}^0 \varrho\,\mathrm{d}\varphi. \tag{3}$$

Die Raumladung wird durch die Beziehung

$$\varrho = e[N_D^+ - n(x)]$$

gegeben, wobei

$$N_D^+ = \frac{n}{1 + e^{\frac{F - E_D + e\varphi}{kT}}}$$

ist. Unter E_D versteht man im allgemeinen den Ausdruck $E_D^* + kT \ln g_D$, wobei g_D der Entartungsgrad des Donatorenniveaus und E_D^* die Donatorenenergie ist. Für das Volumen $(x \gg L_D)$ gilt

$$N_D^+ = \frac{n}{1 + e^{-\frac{E_D - F}{kT}}} \approx n \left(\frac{E_D - F}{kT} \gg 1\right).$$

Im Raumladungsgebiet ist

$$n(x) = n e^{e\varphi/kT}.$$

Als Lösung des Integrals $\int_{\varphi_S}^0 \varrho\,\mathrm{d}\varphi$ erhalten wir

$$\int_{\varphi_S}^0 \varrho\,\mathrm{d}\varphi = kTn\left(\ln\frac{1 + e^{-\frac{F - E_D + e\varphi_S}{kT}}}{1 + e^{-\frac{F - E_D}{kT}}} - 1 + e^{e\varphi_S/kT}\right).$$

Den ersten Summanden der Lösung kann man wie folgt umformen:

$$\ln \frac{1 + e^{-\frac{F - E_D + e\varphi_S}{kT}}}{1 + e^{-\frac{F - E_D}{kT}}} = \ln \frac{e^{\frac{F - E_D}{kT}} + e^{-e\varphi_S/kT} + 1 - 1}{1 + e^{\frac{F - E_D}{kT}}}$$

$$= \ln \left\{ 1 + \frac{e^{-e\varphi_S/kT} - 1}{1 + e^{-\frac{E_D - F}{kT}}} \right\} \approx \ln \{1 + e^{-e\varphi_S/kT} - 1\} = -\frac{e\varphi_s}{kT}.$$

Somit ergibt sich

$$\int\limits_{\varphi_S}^{0} \varrho \, \mathrm{d}\varphi = kTn \left(-\frac{e\varphi_s}{kT} - 1 + e^{e\varphi_S/kT} \right).$$

Setzt man das erhaltene Resultat in den Ausdruck (3) ein, findet man

$$\frac{2\pi Q_s^2}{\varepsilon} = kTn \left(-\frac{e\varphi_s}{kT} - 1 + e^{e\varphi_s/kT} \right). \tag{4}$$

Wir betrachten zwei Fälle:

a) $\dfrac{e\varphi_s}{kT} \ll 1.$

Aus Formel (4) erhalten wir

$$\frac{2\pi Q_s^2}{\varepsilon} \approx kTn \cdot \frac{1}{2} \left(\frac{e\varphi_s}{kT} \right)^2$$

und somit

$$\varphi_s = \sqrt{\frac{4\pi N^2 kT}{\varepsilon n}} = 3{,}1 \text{ mV}.$$

b) $\dfrac{e\varphi_s}{kT} \ll 1.$

Die Formel (4) nimmt in diesem Fall folgende Form an:

$$\frac{2\pi Q_s^2}{\varepsilon} \approx kTn\,e^{e\varphi_S/kT},$$

und daraus ergibt sich

$$\varphi_s = \frac{kT}{e}\ln\frac{2\pi e^2 N^2}{\varepsilon kTn} = 0{,}29\ \mathrm{V}.$$

74*. Für die Raumladung ϱ gilt

$$\varrho = e[p(x) - N_A^-],$$

wobei

$$p(x) = p\,e^{e\varphi/kT}, \quad N_A^- = \frac{p}{1 + e^{\frac{E_A - F + e\varphi}{kT}}}$$

ist. ($E_A = E_A^* + kT\ln g_A$, E_A^* ist die Akzeptorenenergie und g_A der Entartungsgrad der Akzeptorniveaus.) Da im Inneren des Halbleiters ($x \gg L_D$) alle Akzeptoren ionisiert sind, ist

$$N_A^- = \frac{p}{1 + e^{-\frac{F - E_A}{kT}}} \approx p.$$

Wenn wir das Integral $\int\limits_{\varphi_S}^{0} \varrho\,\mathrm{d}\varphi$ analog zur vorhergehenden Aufgabe lösen, ergibt sich

$$\int\limits_{\varphi_S}^{0} \varrho\,\mathrm{d}\varphi = pkT\left(1 - e^{e\varphi_S/kT} + \frac{e\varphi_s}{kT}\right).$$

Nach Einsetzen des Resultates in die Gleichung

$$\frac{2dQ_s^2}{\varepsilon} = -\int\limits_{\varphi_S}^{0} \varrho\,\mathrm{d}\varphi$$

(siehe vorhergehende Aufgabe) erhalten wir

$$Q_s = \sqrt{\frac{pkT\varepsilon\left(e^{e\varphi_s/kT} - \frac{e\varphi_s}{kT} - 1\right)}{2\pi}}.$$

Nach der Aufgabenstellung ist $\varphi_s = 0{,}25$ V, und folglich gilt bei 300 °K $\frac{e\varphi_s}{kT} \approx 10 \gg 1$. Für die Oberflächenladungsdichte Q_s ergibt sich somit genähert

$$Q_s \approx \sqrt{\frac{pkT\varepsilon}{2\pi}}\, e^{e\varphi_s/2kT},$$

$$Q_s = eN,$$

und schließlich erhalten wir

$$N = \sqrt{\frac{pkT\varepsilon}{2\pi e^2}}\, e^{e\varphi_s/2kT} = \sqrt{2}\, pL_D e^{e\varphi_s/kT} = 1{,}52 \cdot 10^{12}\ \mathrm{cm}^{-2}.$$

75. Wir errechnen zuerst die zeitliche Änderung der Überschußträgerkonzentration nach Abschaltung der Anregungsquelle, von der die Probe gleichmäßig bestrahlt wurde:

$$\frac{\partial \Delta p}{\partial t} = -\frac{\Delta p}{\tau_p} - \mathrm{div}\, \boldsymbol{j}_p, \quad \boldsymbol{j}_p = -D_p \,\mathrm{grad}\, \Delta p. \tag{1}$$

Die Randbedingungen sind:

$$D_p \frac{\mathrm{d}\Delta p}{\mathrm{d}x} = \mp s\Delta p \quad \text{oder} \quad x = \pm a \tag{2}$$

(die x-Achse steht senkrecht auf der Oberfläche des Plättchens). Aus (1) folgt

$$\frac{\partial \Delta p}{\partial t} = D_p \frac{\partial^2 \Delta p}{\partial x^2} - \frac{\Delta p}{\tau_p}. \tag{3}$$

Die Gleichung (3) lösen wir durch Separation der Variablen:

$$\Delta p = \varphi(t)\psi(x). \tag{4}$$

Somit erhalten wir

$$\frac{\partial \varphi}{\partial t}\psi = D_p \frac{\partial^2 \psi}{\partial x^2} \cdot \varphi - \frac{\varphi \psi}{\tau_p},$$

woraus sich

$$\frac{\partial \varphi}{\partial t} \cdot \frac{1}{\varphi} + \frac{1}{\tau_p} = D_p \frac{\mathrm{d}^2 \psi}{\mathrm{d}x^2} \cdot \frac{1}{\psi} = \text{const}$$

ergibt. Die Konstante bezeichnen wir mit $-\frac{1}{\tau_s}$. Außerdem führen wir noch die Bezeichnung

$$\frac{1}{\tau} = \frac{1}{\tau_p} + \frac{1}{\tau_s}$$

ein. Die zeitabhängige Gleichung lautet dann

$$\frac{\mathrm{d}\varphi}{\mathrm{d}t} \cdot \frac{1}{\varphi} + \frac{1}{\tau} = 0.$$

Eine partikuläre Lösung ist

$$\varphi(t) = e^{-t/\tau}. \tag{5}$$

Die von x abhängige Gleichung

$$\frac{\mathrm{d}^2 \psi}{\mathrm{d}x^2} + \frac{1}{\tau_s D_p}\psi = 0$$

hat die Lösung

$$\psi(x) = A \cos\left(\frac{x}{\sqrt{\tau_s D_p}}\right) + B \sin\left(\frac{x}{\sqrt{\tau_s D_p}}\right). \tag{6}$$

Die Lösung muß zum Punkt $x = 0$ symmetrisch sein, da nach der Aufgabenstellung auf beiden Seiten der Platte die Geschwindigkeiten der Oberflächenrekombination gleich sind. Deshalb ist $B = 0$, und aus den Ausdrücken (4), (5) und (6) folgt

$$\Delta p = A \cos\left(\frac{x}{\sqrt{\tau_s D_p}}\right) e^{-t/\tau}. \tag{7}$$

Aus den Randbedingungen (2) erhalten wir auf Grund von (7)

$$D_p A \sin\left(\frac{a}{\sqrt{\tau_s D_p}}\right) e^{-t/\tau} \frac{1}{\sqrt{\tau_s D_p}} = s A \cos\left(\frac{a}{\sqrt{\tau_s D_p}}\right) e^{t/\tau}$$

oder

$$\frac{a}{\sqrt{\tau_s D_p}} \tan \frac{a}{\sqrt{\tau_s D_p}} = \frac{s a}{D_p}.$$

Mit der Bezeichnung

$$\eta = \frac{a}{\sqrt{\tau_s D_p}}$$

ergibt sich

$$\eta \tan \eta = \frac{s a}{D_p}. \tag{8}$$

Die transzendente Gleichung (8) hat unendlich viele Wurzeln für η (und folglich auch für τ_s): $\eta_1, \eta_2, \ldots$, wobei $\eta_1 > \eta_2 > \eta_3, \ldots$ Die Lösung der Gleichung (3) kann man somit wie folgt niederschreiben:

$$\Delta p = \sum_{j=1}^{\infty} A_i \cos\left(\frac{x}{\sqrt{\tau_{sj} D_p}}\right) e^{-t/\tau_j}. \tag{9}$$

Aus (9) folgt, daß die Summanden, die Wurzeln höherer Ordnung enthalten, zeitlich schneller abklingen als der Summand mit der niedrigsten Wurzel. Deshalb kann man für nicht allzu kleine t (d. h. nach dem anfänglichen Einstellprozeß) alle Summanden außer dem ersten vernachlässigen. Somit erhalten wir

$$\frac{1}{\tau_1} = \frac{1}{\tau_p} + \frac{1}{\tau_{s1}},$$

wobei

$$\frac{1}{\tau_{s1}} = \frac{\eta_1^2 D_p}{a^2}$$

ist. Bei geringer Rekombinationsgeschwindigkeit s $\left(\frac{sa}{D_p} \ll 1\right)$ kann man in Gleichung (8) für die kleinste Wurzel $\tan\eta \approx \eta$ setzen. Dann gilt

$$\frac{a^2}{\tau_{s1} D_p} = \frac{sa}{D_p}$$

und

$$s = \frac{a}{\tau_{s1}} = a\left(\frac{1}{\tau_1} - \frac{1}{\tau_p}\right) = 100\,\text{cm/s}.$$

76*. Zunächst berechnen wir die zeitliche Änderung der Überschußträgerkonzentration nach Abschaltung der über das Volumen homogenen Anregung:

$$\frac{\partial \Delta p}{\partial t} = -\frac{\Delta p}{\tau_p} - \operatorname{div} j_p, \tag{1}$$

wobei

$$j_p = -D_p \operatorname{grad} \Delta p$$

ist. Die Randbedingungen sind (die x-Achse steht senkrecht auf der Oberfläche des Plättchens):

$$\begin{cases} D_p \dfrac{\partial \Delta p}{\partial x} = -s_1 \Delta p, & x = a, \\ D_p \dfrac{\partial \Delta p}{\partial x} = s_2 \Delta p, & x = -a. \end{cases}$$

Die Gleichung (1) lösen wir durch Separation der Variablen (vgl. Aufgabe 75):

$$\Delta p = (A \cos \alpha x + B \sin \alpha x) e^{-t/\tau}, \tag{2}$$

wobei $\alpha = \frac{1}{\sqrt{\tau_s D_p}}$, $\frac{1}{\tau} = \frac{1}{\tau_p} + \frac{1}{\tau_s}$ ist. Setzen wir (2) in die Randbedingungen ein, so folgt

$$-A \sin \alpha a + B \cos \alpha a = -\frac{s_1}{D_p \alpha} (A \cos \alpha a + B \sin \alpha a),$$
$$A \sin \alpha a + B \cos \alpha a = \frac{s_2}{D_p \alpha} (A \cos \alpha a - B \sin \alpha a)$$

oder

$$\left. \begin{aligned} A(-\eta \tan \eta + k_1) + B(k_1 \tan \eta + \eta) = 0, \\ A(\eta \tan \eta - k_2) + B(k_2 \tan \eta + \eta) = 0. \end{aligned} \right\} \tag{3}$$

Hierbei wurde

$$\eta = \alpha a = \frac{a}{\sqrt{\tau_s D_p}}, \quad k_1 = \frac{a s_1}{D_p}, \quad k_2 = \frac{a s_2}{D_p}$$

gesetzt. Das homogene Gleichungssystem (3) hat nur dann eine nichttriviale Lösung, wenn

$$\begin{vmatrix} -\eta \tan \eta + k_1 & k_1 \tan \eta + \eta \\ \eta \tan \eta - k_2 & k_2 \tan \eta + \eta \end{vmatrix} = 0$$

gilt, woraus

$$\tan^2 \eta + 2 \tan \eta \frac{\eta^2 - k_1 k_2}{\eta (k_1 + k_2)} - 1 = 0 \tag{4}$$

folgt. Die transzendente Gleichung (4) hat unendlich viele Lösungen $\eta_1, \eta_2, \eta_3, \ldots$ Die Lösung (2) kann man somit in folgender Form schreiben:

$$\Delta p = \sum_{j=1}^{\infty} \left[A_j \cos \left(\frac{x}{\sqrt{\tau_{sj} D_p}} \right) + B_j \sin \left(\frac{x}{\sqrt{\tau_{sj} D_p}} \right) \right] e^{-t/\tau_j}.$$

Wie auch in Aufgabe 75 behalten wir nur den der ersten Wurzel von (4) entsprechenden Summanden bei. Damit erhalten wir

$$\frac{1}{\tau_1} = \frac{1}{\tau_p} + \frac{1}{\tau_{s1}}, \quad \frac{1}{\tau_{s1}} = \frac{\eta_1^2 D_p}{a^2}. \tag{5}$$

Betrachten wir den Fall $\eta_1 \ll \frac{\pi}{2}$. Dabei gilt $\tan \eta_1 \approx \eta_1$, und Gleichung (4) nimmt folgende Form an:

$$\eta_1^2 k_1 + \eta_1^2 k_2 + 2\eta_1^2 - 2k_1 k_2 - k_1 - k_2 = 0,$$

woraus sich

$$\eta_1^2 = \frac{k_1 + 2k_1 k_2 + k_2}{k_1 + k_2 + 2} \tag{6}$$

ergibt. Aus (6) folgt, daß $\eta_1 \ll 1$ ist, wenn die Bedingungen $k_1 \ll 1$ und $k_2 \ll 1$ oder

$$\frac{a s_1}{D_p} \ll 1, \quad \frac{a s_2}{D_p} \ll 1 \tag{7}$$

erfüllt sind. Aus den Formeln (6) und (5) finden wir

$$\frac{1}{\tau_1} = \frac{1}{\tau_p} + \frac{D_p}{a^2} \frac{s_1 + s_2 + 2 s_1 s_2 \dfrac{a}{D_p}}{s_1 + s_2 + 2\dfrac{D_p}{a}}$$

oder unter Berücksichtigung von (7)

$$\frac{1}{\tau_1} \approx \frac{1}{\tau_p} + \frac{s_1 + s_2}{2a}.$$

Wenn $s_1 \gg s_2$ gilt, so ergibt sich

$$\frac{1}{\tau_1} = \frac{1}{\tau_p} + \frac{s_1}{2a},$$

und somit ist $s_1 = 2a\left(\frac{1}{\tau_1} - \frac{1}{\tau_p}\right) = 800\ \mathrm{cm/s}$.

77*. Die absolute Einfanggeschwindigkeit der Elektronen durch die Oberflächenrekombinationszentren wird durch

$$u_n = c_n[(1 - f_t) n_s - n_{s1} f_t]$$

gegeben. Hierbei ist f_t der mit Elektronen besetzte Teil von Haftstellen, n_s die Elektronenkonzentration an der Oberfläche des Halbleiters, n_{s1} die Elektronenkonzentration an der Oberfläche des Halbleiters im Gleichgewicht, wenn das FERMI-Niveau mit dem Haftstellenniveau zusammenfällt, und c_n die Einfangwahrscheinlichkeit eines Elektrons, wenn alle Haftstellen unbesetzt sind. Eine analoge Beziehung haben wir für die absolute Einfanggeschwindigkeit der Löcher

$$u_p = c_p[f_t p - p_{s1}(1 - f_t)].$$

Im stationären Zustand ist $u_n = u_p = u$. Wenn wir aus dieser Bedingung f_t bestimmen und den ermittelten Ausdruck in die Formel für die absolute Einfangsgeschwindigkeit der Elektronen einsetzen, so ergibt sich

$$u = \frac{c_n c_p (p_s n_s - p_{s1} n_{s1})}{c_n(n_s + n_{s1}) + c_p(p_s + p_{s1})},$$

wobei

$$p_s = p_{s0} + \Delta p_s = p_{s0} \exp\left(-\frac{eF_p}{kT}\right),$$

$$n_s = n_{s0} + \Delta n_s = n_{s0} \exp\left(\frac{eF_n}{kT}\right)$$

ist. Hierbei sind F_p, F_n die FERMI-Niveaus der Löcher bzw. Elektronen. Die Gleichgewichtsgrößen werden durch die Indizes „0“ gekennzeichnet:

$$p_{s0} = n_i \exp\left(-\frac{e\psi_s}{kT}\right), \quad n_{s0} = n_i \exp\left(\frac{e\psi_s}{kT}\right).$$

Weiterhin gilt

$$p_{s1} = n_i \exp\left(\frac{E_i - E_t}{kT}\right); \quad n_{s1} = n_i \exp\left(\frac{E_t - E_i}{kT}\right),$$

wobei $E_i = \frac{E_c + E_v}{2} + \frac{3}{4} kT \ln \frac{m_p}{m_n}$ (vgl. Aufg. 1) und n_i die Konzentration im Eigenhalbleiter ist. Weiterhin gilt $p_s n_s = pn$ und $p_{s1} n_{s1} = n_i^2$, und deshalb ist

$$u = \frac{c_n c_p (pn - n_i^2)}{c_n(n_{s0} + \Delta n_s + n_{s1}) + c_p(p_{s0} + \Delta p_s + p_{s1})}.$$

Bei kleinem Injektionsniveau erhalten wir

$$u \approx \frac{c_n c_p (p_0 + n_0) \Delta n}{c_n (n_{s0} + n_{s1}) + c_p (p_{s0} + p_{s1})}. \tag{1}$$

Durch die Einführung der Bezeichnung

$$\frac{c_p}{c_n} = e^{\frac{2e\psi_0}{kT}} \tag{2}$$

und Umformung des Nenners in Formel (1) ergibt sich nach Einsetzen von u in die Beziehung $s = \dfrac{u}{\Delta n}$

$$s = \frac{\sqrt{c_p c_n}\,(p_0 + n_0)}{2n_i \left[\cosh\left(\dfrac{E_t - E_i - e\psi_0}{kT}\right) + \cosh \dfrac{e(\psi_s - \psi_0)}{kT}\right]}.$$

Hierbei gilt

$$c_n = N_t \langle \alpha_n \rangle, \quad c_p = N_t \langle \alpha_p \rangle,$$

$\langle \alpha_n \rangle$ und $\langle \alpha_p \rangle$ sind die Einfangwahrscheinlichkeiten für die Elektronen bzw. Löcher durch Oberflächenniveaus. Sie sind gleich dem Produkt aus Einfangquerschnitt und mittlerer thermischer Geschwindigkeit. Für die Geschwindigkeit der Oberflächenrekombination ergibt sich somit der Ausdruck

$$s = \frac{N_t \sqrt{\langle \alpha_n \rangle \langle \alpha_p \rangle}\,(n_0 + p_0)/2n_i}{\cosh\left(\dfrac{E_t - E_i - e\psi_0}{kT}\right) + \cosh \dfrac{e(\psi_s - \psi_0)}{kT}}. \tag{3}$$

78*. Aus der Extremwertbedingung für den Ausdruck (3) der vorhergehenden Aufgabe

$$\frac{ds}{d\psi_s} = 0 = -\frac{e}{kT}$$

$$\times \frac{N_t \sqrt{\langle \alpha_n \rangle \langle \alpha_p \rangle}\,(n_0 + p_0)/2n_i}{\left\{\cosh\left(\dfrac{E_t - E_i - e\psi_0}{kT}\right) + \cosh\left[\dfrac{e(\psi_s - \psi_0)}{kT}\right]\right\}^2}$$

$$\times \sinh \frac{e(\psi_s - \psi_0)}{kT}$$

erhalten wir

$$\sinh\left[\frac{e(\psi_s-\psi_0)}{kT}\right]=0.$$

Hieraus folgt, daß $s = s_{\max}$ bei $\psi_s = \psi_0$ ist (s. Bezeichnung in Gleichung (2) der vorhergehenden Aufgabe). Für das Verhältnis ergibt sich somit

$$\frac{S_p}{S_n}=\frac{c_p}{c_n}=e^{\frac{2e\psi_0}{kT}}=9.$$

79. Aus den Formeln (6.2a), (6.3a) und (6.3b) finden wir

$$Q^*=\frac{\int\limits_0^\infty \mathrm{d}E\cdot\frac{\partial f}{\partial E}\cdot E^{r+2}}{\int\limits_0^\infty \mathrm{d}E\cdot\frac{\partial f}{\partial E}\cdot E^{r+1}}=kT(r+2)\cdot\frac{F_{r+1}(\eta)}{F_r(\eta)}. \quad (1)$$

Daraus folgt

$$\alpha=-\frac{k}{e}\left[(r+2)\frac{F_{r+1}(\eta)}{F_r(\eta)}-\eta\right].$$

Wenn Entartung vorliegt, hat der Ausdruck für α folgende Form:

$$\alpha=-\frac{\pi^2k}{3e\eta}(r+1).$$

Für ein typisches Metall erhalten wir unter Verwendung des Wertes

$$k/e = 86{,}3\ \mu\mathrm{V/grd}$$

für die Thermo-EMK

$$\alpha_{\mathrm{Met.}} = -8{,}2\ \mu\mathrm{V/grd}.$$

Das Verhältnis der Thermo-EMK des Metalles zur Thermo-EMK des entarteten Halbleiters ist

$$\frac{\alpha_{\text{Met.}}}{\alpha_{\text{Hlbl.}}} = \frac{m_{\text{Met.}}}{m_{\text{Hlbl.}}} \left(\frac{n_{\text{Hlbl.}}}{n_{\text{Met.}}}\right)^{2/3} = 5 \cdot 10^{-2}.$$

Somit ist infolge der hohen Konzentration freier Elektronen in Metallen die Thermo-EMK von Metallen bedeutend kleiner als die der Mehrheit aller Halbleiter.

80. Bei nicht zu hoher Temperatur, wenn die Konzentration der Löcher viel größer als die der Elektronen ist, geht der Hauptbeitrag zur Thermo-EMK von den Löchern aus [s. Formel (6.6)]. Im Gebiet der Störstellenleitung bleibt die Löcherkonzentration p_0 fast konstant, und die Thermo-EMK ist positiv und gleich

$$\alpha = \frac{k}{e} \left(\ln \frac{N_v(T_0)}{p_0} + \frac{3}{2} \ln \frac{T}{T_0} + \frac{Q_p^*}{kT}\right).$$

In diesem Gebiet nimmt die Thermo-EMK mit der Temperatur langsam zu. Im Eigenleitungsgebiet tragen beide Trägersorten zur Thermo-EMK bei:

$$\alpha = -\frac{k}{e}\left(\frac{b-1}{b+1}\frac{E_g}{2kT} + \frac{3}{4}\ln\frac{m_n}{m_p} - \frac{b}{b+1}\frac{Q_n^*}{kT} - \frac{1}{b+1}\frac{Q_p^*}{kT}\right).$$

Hierbei ist b das Verhältnis der Beweglichkeiten von Elektronen und Löchern; Q_n^* und Q_p^* sind die Transportenergien für Elektronen und Löcher. Bis zu relativ hohen Temperaturen wird die Thermo-EMK durch den ersten Summanden im Klammerausdruck bestimmt und, da für Germanium $b > 1$ ist, wird die Thermo-EMK negativ und ihr Absolutbetrag nimmt mit steigender Temperatur ab. Bei Temperaturen, bei denen die Störstellenleitfähigkeit in die Eigenleitfähigkeit übergeht, ändert die Thermo-EMK ihr Vorzeichen. Der ungefähre Verlauf der Thermo-EMK ist in Abb. 20 dargestellt.

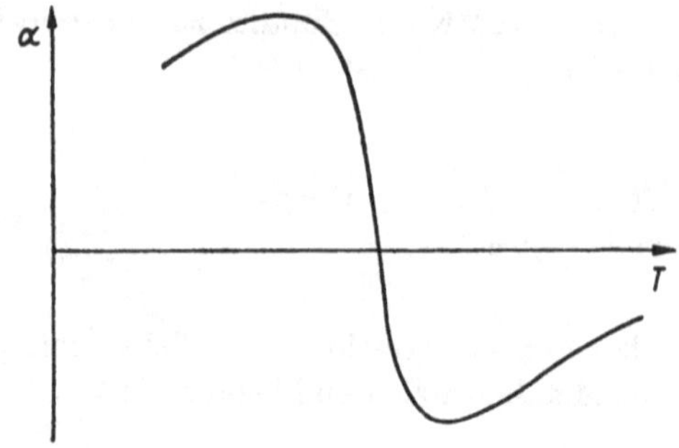

Abb. 20

81. Zuerst bestimmen wir die Grenzen des Gebietes der Störstellenleitung für p-Germanium mit einer typischen flachen Störstelle ($E_A - E_v = 0{,}01$ eV). Auf die gleiche Weise wie in Aufgabe 18 stellen wir die Gleichungen

$$y_1 = \ln \frac{N_v(T_0')}{4 g_A N_A} - \frac{3}{2} y_1,$$

$$y_2 = \ln \frac{N_v(T_0'')}{N_a} - \frac{\xi}{2k} - \frac{3}{2} y_2$$

auf. Hierbei ist $E_g = \Delta - \xi T$, $T_0' = \frac{E_A - E_v}{k} = 116\,°\mathrm{K}$, $T_0'' = \frac{\Delta}{2k} = 4{,}5 \cdot 10^3\,°\mathrm{K}$, $y_1 = \frac{T_0'}{T_1}$, $y_2 = \frac{T_0''}{T_2}$. Hieraus finden wir (bei $g_A \approx 1$)

$$y_1 = 4 - 1{,}5 \ln y_1, \qquad y_2 = 13{,}2 - 1{,}5 \ln y_2,$$

$$y_1 = 2{,}6, \qquad y_2 = 9{,}8,$$

$$T_1 = 44\,°\mathrm{K}, \qquad T_2 = 460\,°\mathrm{K}.$$

Somit kann man das Fermi-Niveau bei 200 °K nach folgender Formel errechnen:

$$F = kT \ln \frac{N_v}{N_a}.$$

Die Thermo-EMK ist demnach

$$\alpha = \frac{k}{e}\left(2 + \ln\frac{N_v}{N_a}\right) = 0{,}7\ \mathrm{mV/grd}.$$

82. Unter den angegebenen Bedingungen kann man das FERMI-Niveau nach der Beziehung (s. Aufgabe 22)

$$F = E_D + kT\ln\left[\frac{1}{g_D}\left(\frac{N_D}{N_A} - 1\right)\right]$$

berechnen. Die Transportenergie ist [s. Formel (1) der Aufgabe 1]

$$Q^* = kT\cdot(r+2)\,\frac{F_{r+1}(\eta)}{F_r(\eta)} = 2kT.$$

Wenn wir die gefundenen Ausdrücke für F und Q^* in Formel (6.1) einsetzen, so ergibt sich

$$\alpha = -\frac{k}{e}\left\{-\frac{E_D}{kT} + 2 - \ln\left[\frac{1}{g_D}\left(\frac{N_D}{N_A} - 1\right)\right]\right\}.$$

Hieraus folgt

$$|E_D| + kT\ln g_D = kT\left[\frac{e\,|\alpha|}{k} - 2 + \ln\left(\frac{N_D}{N_A} - 1\right)\right],$$

und bei $g_D = 2$ erhalten wir

$$|E_D| \doteq 0{,}2\ \mathrm{eV}.$$

83. Bei beliebigem Dispersionsgesetz gilt

$$Q^* = \frac{\int\limits_0^\infty \mathrm{d}E\left(-\frac{\partial f}{\partial E}\right)\left(\frac{\mathrm{d}E}{\mathrm{d}k}\right)^2 k^{2r}(E)\cdot E}{\int\limits_0^\infty \mathrm{d}E\left(-\frac{\partial f}{\partial E}\right)\left(\frac{\mathrm{d}E}{\mathrm{d}k}\right)^2 k^{2r}(E)}.$$

Unter Verwendung der Entwicklung (A. 6) ergibt sich

$$\frac{Q^*}{kT} = \eta + \frac{\pi^2}{3\eta}\,\frac{\eta}{k^{2r}(F)\cdot\left(\frac{\mathrm{d}\eta}{\mathrm{d}k(F)}\right)^2}\cdot\frac{\mathrm{d}}{\mathrm{d}\eta}\left[k^{2r}(F)\left(\frac{\mathrm{d}\eta}{\mathrm{d}k(F)}\right)^2\right].$$

Hieraus finden wir für die Thermo-EMK

$$\alpha = -\frac{\pi^2}{3\eta}\cdot\frac{k}{e}\cdot\frac{\eta}{k^{2r}(F)\left(\dfrac{d\eta}{dk(F)}\right)^2}\cdot\frac{d}{d\eta}\left[k^{2r}(F)\left(\frac{d\eta}{dk(F)}\right)^2\right]. \quad (1)$$

Für m^* erhalten wir, wenn die Energie gleich der FERMI-Energie ist, aus der Definition (6.5) $m_F^* = \hbar^2 k(F)\,\dfrac{dk(F)}{dF}$. Wenn man in Formel (1) $\dfrac{dk(F)}{d\eta}$ durch m_F^* und $k(F)$ durch die Konzentration ausdrückt, so ergibt sich für die Thermo-EMK eines entarteten Elektronengases folgende Konzentrationsabhängigkeit:

$$\alpha = -\frac{k}{e}\cdot\frac{2\pi^2}{3\hbar^2}(kT)\frac{m_F^*}{(3\pi^2 n)^{2/3}}\left(r + 1 - 3\frac{n}{m_F^*}\frac{dm_F^*}{dn}\right). \quad (2)$$

Für Halbleiter mit dem Dispersionsgesetz (1.3g) gilt (s. Aufgabe 14)

$$m_F^* = m(0)\sqrt{1 + \frac{2\hbar^2}{m(0)E_g}(3\pi^2 n)^{2/3}}.$$

Wenn wir diesen Ausdruck in Formel (2) einsetzen und die Zahlenwerte aus der vorhergehenden Aufgabe einsetzen, so ergibt sich für Indiumantimonid $\alpha = 46\ \mu V/grd$.

84. Unter Berücksichtigung der Korrekturen erster Ordnung, die durch die Nichtparabolizität der Bänder entstehen, ist die Transportenergie

$$Q^* = \frac{\int\limits_0^\infty dE\left(-\dfrac{\partial f}{\partial E}\right)E^{r+2}\left[1 + (r-3)\dfrac{E}{E_g}\right]}{\int\limits_0^\infty dE\left(-\dfrac{\partial f}{\partial E}\right)E^{r+1}\left[1 + (r-3)\dfrac{E}{E_g}\right]}$$

$$= kT(r+2)\frac{F_{r+1}(\eta) + \dfrac{(r-3)(r+3)}{E_g}kT\,F_{r+2}(\eta)}{F_r(\eta) + \dfrac{(r-3)(r+2)}{E_g}kT\,F_{r+1}(\eta)}.$$

Hieraus ergibt sich

$$\alpha = -\frac{k}{e} \times \left[(r+2) \frac{F_{r+1}(\eta) + \frac{(r-3)(r+3)}{E_g} kT F_{r+2}(\eta)}{F_r(\eta) + \frac{(r-3)(r+2)}{E_g} kT F_{r+1}(\eta)} - \eta \right].$$

Dieser Ausdruck fällt für ein stark entartetes Elektronengas mit dem Resultat der vorhergehenden Aufgabe zusammen, wenn wir nach dem Parameter $\frac{E}{E_g}$, der den Grad der Nichtparabolizität bestimmt, entwickeln und uns auf das Korrekturglied erster Ordnung beschränken.

85. Da die Elektronenbeweglichkeit durch die Streuung an akustischen Phononen bestimmt wird, gilt $a \approx 1$, und unter der Annahme, daß $l_{\mathrm{Ph}} \approx 0{,}1$ cm ist, erhalten wir

$$\alpha_{Ph} \approx \frac{v_s \cdot l_{Ph}}{\mu} \approx 10 \text{ mV/grd}.$$

86. Zuerst ermitteln wir die Größe a, die den relativen Betrag der Streuung durch akustische Phononen an der Beweglichkeit bestimmt:

$$a \approx \frac{(\mu_{\mathrm{InSb}})_{\mathrm{beob.}}}{(\mu_{\mathrm{InSb}})_{\mathrm{theor.}}} \approx 2 \cdot 10^{-3}.$$

Für das Verhältnis der „Phononen“-Komponenten der Thermo-EMK erhalten wir unter der Annahme, daß $(l_{\mathrm{Ph}})_{\mathrm{Ge}} \approx (l_{\mathrm{Ph}})_{\mathrm{InSb}}$ ist,

$$\frac{(\alpha_{Ph})_{\mathrm{InSb}}}{(\alpha_{Ph})_{\mathrm{Ge}}} \approx \frac{a_{\mathrm{InSb}}}{a_{\mathrm{Ge}}} \frac{v_{\mathrm{InSb}}}{v_{\mathrm{Ge}}} \frac{\mu_{\mathrm{Ge}}}{\mu_{\mathrm{InSb}}} \approx 10^{-3}.$$

Somit ist der Mitführungseffekt der Elektronen durch Phononen („phonon drag effect“) im n-Indiumantimonid bedeutend kleiner als im Germanium. Unter Verwendung des Wertes $(\alpha_{\mathrm{Ph}})_{\mathrm{Ge}}$ aus der vorhergehenden Aufgabe erhalten wir für 20 °K $(\alpha_{\mathrm{Ph}})_{\mathrm{InSb}} \approx 10\ \mu$V/grd.

87. Für Träger mit quadratischem Dispersionsgesetz ergibt sich aus den Formeln (6.2b), (6.3c) und (6.3d) im Fall starker Magnetfelder, wenn $\sigma_2 \gg \sigma_1$, $q_2 \gg q_1$ ist,

$$Q^* = \frac{q_2}{\sigma_2} = \frac{\langle E \rangle}{\langle 1 \rangle} = \frac{\int\limits_0^\infty \mathrm{d}E \left(-\frac{\partial f}{\partial E}\right) E k^3(E)}{\int\limits_0^\infty \mathrm{d}E \left(-\frac{\partial f}{\partial E}\right) k^3(E)}$$

$$= \frac{5}{2} kT \cdot \frac{F_{5/2}(\eta)}{F_{3/2}(\eta)}.$$

Hieraus folgt, daß die Thermo-EMK

$$\alpha(\infty) = \frac{k}{e} \left[\frac{5}{2} \frac{F_{5/2}(\eta)}{F_{3/2}(\eta)} + \eta\right]$$

für starke Felder ($w \gg 1$) weder vom Magnetfeld noch vom Streumechanismus abhängt. Infolge dieses Umstandes kann man durch Thermo-EMK-Messungen in starken Magnetfeldern auf bequeme Art die effektiven Massen der Ladungsträger bestimmen. Für ein nichtentartetes Ladungsträgergas gilt

$$\alpha(\infty) = \frac{k}{e} \left(\frac{5}{2} + \eta\right).$$

Aus dieser Formel finden wir $\eta = 3$, und somit bestätigt sich die Annahme, daß das Löchergas nicht entartet ist. Wenn man die Löcherkonzentration kennt, ist es nicht schwer, die effektive Zustandsdichte des Valenzbandes $N_v = p \cdot e^\eta = 1{,}18 \cdot 10^{19}\ \mathrm{cm}^{-3}$ zu bestimmen, woraus sich $m_p = 0{,}6\ \mathrm{m}_0$ ergibt.

88. Für einen entarteten Halbleiter mit quadratischem Dispersionsgesetz gilt

$$\alpha = \alpha(H)\,|_{H=0} = -\frac{k}{e}\left[(r+2) - \eta\right],$$

$$\alpha(\infty) = \alpha(H)\,|_{H\to\infty} = -\frac{k}{e}\left(\frac{5}{2} - \eta\right)$$

und folglich

$$\Delta\alpha(\infty) = \alpha(\infty) - \alpha = -\frac{k}{e}\left(\frac{1}{2} - r\right).$$

Hieraus ersieht man, daß $\Delta\alpha(\infty)$ für $r = \frac{1}{2}$ Null wird. Für diesen Fall verläuft die Streuung an optischen Phononen, und die Temperatur ist tiefer als die DEBYE-Temperatur.

89. Im Gebiet starker Magnetfelder ($w \gg 1$) hängt die Transportenergie nicht vom Streumechanismus ab, und bei einem stark entarteten Elektronengas gilt [s. (A.6)]

$$Q^* = \frac{\langle E\rangle}{\langle 1\rangle} = kT \cdot \eta \frac{1 + \frac{\pi^2}{6k^3(F)\eta} \cdot \frac{\mathrm{d}^2}{\mathrm{d}\eta^2}\eta k^3(F)}{1 + \frac{\pi^2}{6k^3(F)} \cdot \frac{\mathrm{d}^2}{\mathrm{d}\eta^2}k^3(F)}.$$

Hieraus erhalten wir für ein beliebiges Dispersionsgesetz

$$\alpha(\infty) = -\frac{\pi^2 k}{e} \cdot \frac{1}{k(F)} \cdot \frac{\mathrm{d}k(F)}{\mathrm{d}\eta}.$$

Auf Grund der Definition (6.5) gilt

$$m^* = \hbar^2 k(E) \frac{\mathrm{d}k(E)}{\mathrm{d}E}.$$

Da bei beliebigem Dispersionsgesetz im isotropen Fall $k(F) = (3\pi^2 n)^{1/3}$ gilt, kann man den Ausdruck für $\alpha(\infty)$ in folgender Form schreiben:

$$\alpha(\infty) = -\frac{\pi^2 k}{e} kT \cdot \frac{m_F^*}{\hbar^2 (3\pi^2 n)^{2/3}}. \tag{1}$$

Hierbei ist m_F^* der Wert von m^*, genommen an der Stelle der FERMI-Energie. Setzen wir die gemessenen Werte ein, so ergibt sich $m_F^* = 0{,}019\, m_0$. Durch Umformung der Formel für m^* aus Aufgabe 14 finden wir die effektive Masse der Elektronen im Leitungsbandminimum zu

$$m(0) = -\frac{\hbar^2 (3\pi^2 n)^{2/3}}{E_g} + \sqrt{\frac{\hbar^4 (3\pi^2 n)^{4/3}}{E_g^2} + m_F^{*2}} = 0{,}013\, m_0.$$

90. Unter Verwendung von Formel (2) aus Aufgabe 83 und (1) aus 89 kann man zwischen der Bedeutung der Thermo-EMK bei fehlendem Magnetfeld und ihrem Wert bei starken Magnetfeldern für entartete Halbleiter mit quadratischem Dispersionsgesetz folgenden Zusammenhang herstellen:

$$\alpha = \frac{2}{3}\,\alpha(\infty)(r+1).$$

Hieraus erhalten wir

$$r = \frac{3}{2}\cdot\frac{\alpha}{\alpha(\infty)} - 1 = 1{,}8.$$

Somit erfolgt unter den gegebenen Bedingungen die Streuung im wesentlichen an geladenen Störstellen.

91*. Aus Formel (2) der Aufgabe 83 und Formel (1) aus Aufgabe 89 ergibt sich

$$\alpha = \frac{2}{3}\,\alpha(\infty)\left(r + 1 - 3\,\frac{n}{m_F^*}\cdot\frac{\mathrm{d}m_F^*}{\mathrm{d}n}\right).$$

Somit ist

$$\Delta\alpha(\infty) = \alpha(\infty) - \alpha$$

$$= -\frac{1}{3}\,\alpha(\infty)\left[6\,\frac{n}{m_F^*}\,\frac{\mathrm{d}m_F^*}{\mathrm{d}n} - (2r-1)\right]. \qquad (1)$$

Aus der Definition (6.5) erhalten wir für das gegebene Dispersionsgesetz

$$\frac{m^*}{m_0} = 0{,}023 + 1{,}35\cdot 10^{-15}k^2[\mathrm{cm}^{-2}] = 0{,}023 + 1{,}3\cdot 10^{-14}\,n^{2/3}. \qquad (2)$$

Die eckige Klammer des Ausdrucks (1) wird Null, wenn

$$\frac{n}{m_F^*}\,\frac{\mathrm{d}m_F^*}{\mathrm{d}n} = \frac{2r-1}{6} \qquad (3)$$

ist. Unter Berücksichtigung der Abhängigkeit (2) nimmt diese Bedingung folgende Form an:

$$\frac{2}{3} \cdot \frac{1{,}3 \cdot 10^{-14} n^{2/3}}{0{,}023 + 1{,}3 \cdot 10^{-14} n^{2/3}} = \frac{2r-1}{6}.$$

Somit wird $\Delta\alpha(\infty)$ Null, wenn die Konzentration

$$n = 2{,}26 \left(\frac{2r-1}{5-2r}\right)^{3/2} 10^{18}\ \mathrm{cm}^{-3} \simeq 10^{19}\ \mathrm{cm}^{-3}$$

ist. Wenn das Dispersionsgesetz die Form (1.3g) hat, gilt

$$\frac{m_F^*}{m_0} = \frac{m(0)}{m_0} \sqrt{1 + \frac{2\hbar^2}{m(0) E_g} (3\pi^2 n)^{2/3}}$$

[siehe Aufgabe (4)], und die Bedingung, daß $\Delta\alpha(\infty)$ Null wird, ist somit

$$1 - \frac{1}{1 + \frac{2\hbar^2}{m(0) E_g} (3\pi^2 n)^{2/3}} = \frac{3}{2}.$$

Diese Bedingung ist für beliebige Konzentrationen nicht erfüllbar, und folglich kann $\Delta\alpha(\infty)$ für das Dispersionsgesetz (1.3g) nicht verschwinden.

92. Wir betrachten als konkretes Beispiel einen p-Halbleiter. Im Ausdruck (7.1) muß man demnach $n = 0$ setzen:

$$\mathcal{E} = \oint \frac{D_p}{\mu_p} \frac{1}{p} \frac{\mathrm{d}p}{\mathrm{d}x} \mathrm{d}x = \oint \frac{D_p}{p \mu_p} \mathrm{d}p.$$

Der Integrand ist eine eindeutige Funktion von p (vgl. 3.6), und das Umlaufintegral verschwindet identisch, was den bipolaren Charakter der Photo-EMK anzeigt.

93. Zuerst errechnen wir die Sperrschicht-Photo-EMK $\mathcal{E}_1$ gemäß Formel (7.3), wobei wir p_0 unterdrücken:

$$\mathcal{E}_1 = \frac{kT}{e} \int\limits_A^B \frac{b+1}{b n_0 + (b+1)\Delta n} \frac{\Delta n}{n_0} \frac{\mathrm{d}n_0}{\mathrm{d}x} \mathrm{d}x$$

$$= \frac{kT}{e} \Delta n \frac{b+1}{b} \int\limits_A^B \frac{n_0^{-1} \mathrm{d}n_0}{n_0 + \frac{b+1}{b} \Delta n}$$

$$= \frac{kT}{e} \ln \frac{1 + \frac{b+1}{b} \frac{\Delta n}{n_{0,A}}}{1 + \frac{b+1}{b} \frac{\Delta n}{n_{0,B}}} = \frac{kT}{e} \ln \frac{1 + \frac{\Delta \sigma}{\sigma_{0,A}}}{1 + \frac{\Delta \sigma}{\sigma_{0,B}}}.$$

Den zweiten Summanden $\mathcal{E}_2$ errechnen wir, indem das Integral (7.4) in zwei Teile zerlegt und über zwei Abschnitte der kleinen Breite 2ε um die Werte A und B, bei denen $\frac{\mathrm{d}\Delta n}{\mathrm{d}x} \neq 0$ gilt, integriert wird:

$$\mathcal{E}_2 = -\frac{kT}{e} \frac{b-1}{b+1} \times \left[\int\limits_{A-\varepsilon}^{A+\varepsilon} \frac{\mathrm{d}\Delta n}{\Delta n + \frac{b n_0}{b+1}} + \int\limits_{B-\varepsilon}^{B+\varepsilon} \frac{\mathrm{d}\Delta n}{\Delta n + \frac{b n_0}{b+1}} \right]$$

$$= -\frac{kT}{e} \frac{b-1}{b+1} \times \left[\ln \frac{\Delta n + \frac{b n_{0,A}}{b+1}}{\frac{b n_{0,A}}{b+1}} + \ln \frac{\frac{b n_{0,B}}{b+1}}{\Delta n + \frac{b n_{0,B}}{b+n}} \right]$$

$$= -\frac{kT}{e} \frac{b-1}{b+1} \ln \frac{1 + \frac{b+1}{b} \frac{\Delta n}{n_{0,A}}}{1 + \frac{b+1}{b} \frac{\Delta n}{n_{0,B}}}.$$

Wenn wir $\mathscr{E}_1$ und $\mathscr{E}_2$ summieren, ergibt sich

$$\mathscr{E} = \frac{2}{b+1}\,\frac{kT}{e}\ln\frac{1+\Delta\sigma\varrho_{0,A}}{1+\Delta\sigma\varrho_{0,B}} = 1{,}17\cdot 10^{-2}\,\mathrm{V}.$$

94. Aus dem Ergebnis der vorhergehenden Aufgabe erhalten wir für den Grenzfall $\dfrac{\Delta\sigma}{\sigma_0} \ll 1$:

$$\mathscr{E} = \frac{2}{b+1}\,\frac{kT}{e}\,\Delta\sigma(\varrho_{0,A}-\varrho_{0,B}),$$

und für den entgegengesetzten Grenzfall $\dfrac{\Delta\sigma}{\sigma_0} \gg 1$ ergibt sich:

$$\mathscr{E} = \frac{2}{b+1}\,\frac{kT}{e}\ln\frac{\varrho_{0,A}}{\varrho_{0,B}}.$$

Bei den angegebenen Bedingungen ist somit

$$\Delta\sigma_1\varrho_{0,A} = 0{,}1 \ll 1, \qquad \mathscr{E}' = 3{,}4\cdot 10^{-4}\,\mathrm{V};$$

$$\Delta\sigma_2\varrho_{0,B} = 16 \gg 1, \qquad \mathscr{E}'' = 3{,}0\cdot 10^{-3}\,\mathrm{V}.$$

95*. Unter der Annahme, daß die Änderung von ϱ bei einer Verschiebung um Δl nicht groß ist, setzen wir

$$\varrho(x+\Delta l) = \varrho(x) + \frac{\mathrm{d}\varrho}{\mathrm{d}x}\cdot\Delta l.$$

Aus der Formel für $\mathscr{E}$ (siehe Aufgabe 93) erhalten wir

$$\mathscr{E} = -\frac{2}{b+1}\,\frac{kT}{e}\left(\frac{\Delta\sigma\cdot\Delta l\cdot\dfrac{\mathrm{d}\varrho}{\mathrm{d}x}}{1+\Delta\sigma\cdot\varrho}\right),$$

wenn der Ausdruck in der runden Klammer als klein vorausgesetzt wird. Daraus folgt

$$\int\limits_{\varrho_0}^{\varrho}\frac{\mathrm{d}\varrho\cdot\Delta\sigma}{1+\Delta\sigma\cdot\varrho} = \frac{A(b+1)e}{2kT\,\Delta l}\int\limits_0^x\frac{\mathrm{d}x}{1+Bx} = C\ln(1+Bx).$$

Hierbei ist

$$C = \frac{A}{B} \frac{(b+1)e}{2kT \cdot \Delta l} = 0{,}89\,.$$

Durch Integration über ϱ finden wir

$$\frac{1 + \Delta\sigma\varrho(x)}{1 + \Delta\sigma\varrho(0)} = (1 + Bx)^C\,,$$

woraus sich

$$\varrho(x) = \frac{\big(1 + \Delta\sigma\varrho(0)\big)(1 + Bx)^C - 1}{\Delta\sigma}$$

ergibt und

$$\Delta\sigma = \Delta n \cdot e\mu_n(b+1) = 4{,}7\ \Omega^{-1}\mathrm{cm}^{-1}$$

ist. Bei $x = 2$ ergibt sich somit

$$\varrho = 4{,}9\ \Omega^{-1}\mathrm{cm}^{-1}\,.$$

Eine Kontrolle zeigt, daß die oben benutzten Voraussetzungen erfüllt sind.

96. Aus Formel (7.3) ergibt sich

$$\mathcal{E}_1 = \frac{kT}{e} \frac{b+1}{b} \Delta n \int\limits_{-l}^{0} \mathrm{d}x \frac{1}{n_0\left(n_0 + \Delta n \dfrac{b+1}{b}\right)} \frac{\mathrm{d}n_0}{\mathrm{d}x} =$$

$$= \frac{kT}{e} \frac{b+1}{b} \Delta n \int\limits_{n_n}^{n_p} \frac{\mathrm{d}n_0}{n_0\left(n_0 + \Delta n \dfrac{b+1}{b}\right)}$$

$$= \frac{kT}{e} \ln \frac{n_p\left(n_n + \Delta n \dfrac{b+1}{b}\right)}{n_n\left(n_p + \Delta n \dfrac{b+1}{b}\right)}\,.$$

Unter den angegebenen Bedingungen (s. Tabelle, Anhang 2) erhalten wir auf Grund der Formel (1) der Aufgabe 1

$$n_i = 10^{-7}\ \mathrm{cm}^{-3}, \qquad n_p = \frac{n_i^2}{n_n} = 10^{-29}\ \mathrm{cm}^{-3},$$

$$\frac{kT}{e} = 6{,}5 \cdot 10^{-3}\ \mathrm{V}.$$

Das Resultat ist somit

$$\mathscr{E}_1 \approx -0{,}11\ \mathrm{V}.$$

97. Unter Verwendung der Formel (7.2) (s. auch Aufgaben 46*, 47*) finden wir

$$n_0(x) = n_0'(1 - \xi x), \qquad \xi = 0{,}2\ \mathrm{cm}^{-1},$$

$$\Delta\varphi = \frac{kT}{e}\int_0^d \mathrm{d}x\, \frac{(1-b)N\left[-\frac{1}{L}\exp\left(-\frac{x}{L}\right)\right] + b\xi n_0'}{bn_0'(1-\xi x)}$$

$$= \frac{kT}{e}\,\frac{b-1}{b}\,\frac{N}{n_0'}\int_0^{d/L}\frac{\mathrm{d}z \cdot e^{-z}}{1-\xi Lz} + \frac{kT}{e}\int_0^d \frac{\xi\,\mathrm{d}x}{1-\xi x}, \qquad z = x/L.$$

Für das erste Intervall gilt $z \lesssim 1$, und somit wird der Nenner Eins, da auch $\xi L = 0{,}2 \cdot 0{,}01 \ll 1$ ist. Nach der Integration ergibt sich

$$\Delta\varphi = \frac{kT}{e}\left(\frac{b-1}{b}\,\frac{N}{n_0'} + \ln\frac{1}{1-\xi d}\right).$$

Hieraus folgt

$$\Delta\varphi = 4{,}1 \cdot 10^{-3}\ \mathrm{V}.$$

98. Ähnlich wie die Ausdrücke (7.3) und (7.4) aus (7.2) ermittelt wurden, finden wir in diesem Fall, wenn $\Delta p = \frac{\Delta n \tau_p}{\tau_n}$ ist,

$$\mathscr{E}_1 = \frac{kT}{e}\oint \mathrm{d}x\,\frac{b + \tau_p/\tau_n}{bn_0 + (b + \tau_p/\tau_n)\Delta n}\,\frac{\Delta n}{n_0}\,\frac{\mathrm{d}n_0}{\mathrm{d}x},$$

$$\mathscr{E}_2 = \frac{kT}{e}\oint \mathrm{d}x\,\frac{\tau_p/\tau_n - b}{bn_0 + (b + \tau_p/\tau_n)\Delta n}\,\frac{\mathrm{d}\Delta n}{\mathrm{d}x}.$$

Weiterhin erhalten wir analog zu Aufgabe 93

$$\mathscr{E}_1 = \frac{kT}{e} \ln \frac{1 + \Delta\sigma \cdot \varrho_{0,A}}{1 + \Delta\sigma \cdot \varrho_{0,B}},$$

$$\mathscr{E}_2 = \frac{\tau_p/\tau_n - b}{\tau_p/\tau_n + b} \frac{kT}{e} \ln \frac{1 + \Delta\sigma\varrho_{0,A}}{1 + \Delta\sigma\varrho_{0,B}}.$$

Somit folgt

$$\mathscr{E} = \mathscr{E}_1 + \mathscr{E}_2 = \frac{2\tau_p/\tau_n}{b + \tau_p/\tau_n} \frac{kT}{e} \ln \frac{1 + \Delta\sigma\varrho_{0,A}}{1 + \Delta\sigma\varrho_{0,B}} = 2{,}7 \cdot 10^{-2}\,\mathrm{V}.$$

Anhang 1

Einige Eigenschaften der Fermi-*Integrale*

Das Fermi-Integral $F_j(\eta)$ wird durch die Beziehung

$$F_j(\eta) = \frac{1}{\Gamma(j+1)} \int_0^\infty \frac{\varepsilon^j \, d\varepsilon}{1 + \exp(\varepsilon - \eta)} \tag{A. 1}$$

definiert, wobei $\Gamma(j+1)$ die Gamma-Funktion bezeichnet. Im klassischen Grenzfall der Nichtentartung, wenn η negativ und dem absoluten Betrag nach hinreichend groß ist, gilt

$$F_j(\eta) \approx e^\eta. \tag{A.2}$$

Für große positive η (in der Statistik entspricht dieser Fall einer fast völligen Entartung) ergibt sich die asymptotische Reihe

$$F_j(\eta) = \frac{\eta^{j+1}}{\Gamma(j+2)} \left[1 + \frac{\pi^2}{6\eta^2} \frac{\Gamma(j+2)}{\Gamma(j)} + \cdots\right]. \tag{A.3}$$

Für das Fermi-Integral $F_{1/2}(\eta)$ ist es oftmals zweckmäßig, den folgenden angenäherten Ausdruck

$$F_{1/2}(\eta) \approx \frac{e^\eta}{1 + 0{,}27\, e^\eta} \tag{A.4}$$

zu verwenden, der bei $\eta \leqq 1{,}3$ einen Fehler unter 3% ergibt. Bei $\eta \geqq 1$ gilt als angenäherter Ausdruck

$$F_{1/2}(\eta) \approx \frac{4\eta^{3/2}}{3\sqrt{\pi}} \left(1 + \frac{1{,}15}{\eta^2}\right), \tag{A.5}$$

der ebenfalls einen Fehler von weniger als 3% ergibt. Somit überdecken die angenäherten Ausdrücke (A.4) und (A.5) den gesamten

Wertebereich vom stark entarteten bis zum nichtentarteten (klassischen) Fall. Zur genäherten Berechnung von Integralen, die die FERMI-Funktion oder ihre Ableitungen enthalten, benutzt man im Fall hoher Entartung oft die Entwicklung

$$\int_{-\infty}^{\infty} \mathrm{d}\varepsilon \cdot \frac{\mathrm{d}G(\varepsilon)}{\mathrm{d}\varepsilon} \cdot \frac{1}{1+\exp(\varepsilon-\eta)} = -G(\infty) + G(\eta) + \frac{\pi^2}{6} \frac{\mathrm{d}^2 G(\eta)}{\mathrm{d}\eta^2} + \cdots \qquad (A.6)$$

Hierbei ist $G(\varepsilon)$ eine beliebige Funktion, die in der Nähe des Punktes $\varepsilon = \eta$ stetig ist.

Anhang 2

Einige Parameter von Halbleitermaterialien[1])

	E_g[2]) eV	m_{dn}/m_0	m_{dp}/m_0	μ_n (300°K), cm²/Vs	μ_p (300°K), cm²/Vs
Ge	0,74	0,56	0,37	3800	1800
Si	1,16	1,08	0,59	1450	500
InSb	0,22	0,013	0,4	78000	750
InAs	0,43	0,023	0,41	33000	460
InP	1,40	0,067	—	4600	150
GaSb	0,80	0,047	0,23	4000	1400
GaAs	1,52	0,068	0,5	8800	400

[1]) Die in der Tabelle angeführten Werte für Germanium und Silizium sind dem Buch von R. A. SMITH: Semiconductors, Cambridge, University Press 1959, und die Werte für die III–V-Verbindungen dem Artikel von C. HILSUM in dem Buch: Semiconductors and Semimetals (Hrsg.: WILLARDSON, BEER), Band 1, Academic Press 1966, entnommen. Bei Benutzung dieser Tabellen ist zu beachten, daß mit der Vervollkommnung der experimentellen Technik die hier angeführten Zahlenwerte einer Präzisierung unterliegen können.

[2]) Die in der Tabelle angeführten Werte für die Bandlücke sind optischen Messungen bei 77°K entnommen.

FSC
www.fsc.org
MIX
Papier | Fördert
gute Waldnutzung
FSC® C083411

Zeitfracht Medien GmbH
Ferdinand-Jühlke-Straße 7
99095 Erfurt, Deutschland
produktsicherheit@kolibri360.de